王浩威·青春门诊系列

拥抱自己

生命的12堂情绪课

王浩威——著

U0131551

台海出版社

北京市版权局著作合同登记号：图字 01-2021-3471

I 中文简体字版 © 2022 年，由台海出版社出版。
II 本书由心灵工坊文化事业股份有限公司正式授权，同意经由 CA-LINK International LLC 代理正式授权。非经书面同意，不得以任何形式任意重制、转载。

图书在版编目（CIP）数据

拥抱自己：生命的 12 堂情绪课 / 王浩威著 . -- 北京 : 台海出版社，2022.7
　　ISBN 978-7-5168-3260-8

　　Ⅰ . ①拥… Ⅱ . ①王… Ⅲ . ①情绪－自我控制－通俗读物 Ⅳ . ① B842.6-49

中国版本图书馆 CIP 数据核字（2022）第 053095 号

拥抱自己：生命的 12 堂情绪课

著　　者：王浩威

出 版 人：蔡　旭　　　　　　封面设计：DOLPHIN Book design
责任编辑：赵旭雯　　　　　　　　　　　海豚 QQ:592439371

出版发行：台海出版社
地　　址：北京市东城区景山东街 20 号　邮政编码：100009
电　　话：010-64041652（发行，邮购）
传　　真：010-84045799（总编室）
网　　址：www.taimeng.org.cn/thcbs/default.htm
E - m a i l：thcbs@126.com

经　　销：全国各地新华书店
印　　刷：三河市嘉科万达彩色印刷有限公司
本书如有破损、缺页、装订错误，请与本社联系调换

开　　本：880 毫米 × 1230 毫米　　1/32
字　　数：190 千字　　　　　　印　　张：9
版　　次：2022 年 7 月第 1 版　　印　　次：2022 年 8 月第 1 次印刷
书　　号：ISBN 978-7-5168-3260-8

定　　价：49.80 元

情绪、亲密、超越

张达人院长

"卫生署"草屯疗养院

当浩威邀请我为本书写推荐序时，初想可能因为本书写的是他带领团体的历程，而我经常带领或督导团体做心理治疗，所以期望我从团体动力角度来回应本书，但看了本书的主要目的及描述方向，决定仍以本书主旨"认识与觉察情绪"为主轴，表达个人的阅读心得。

本书主要描述王医生与 11 位团体成员（包括记录员）在 12 次团体聚会中，每人在生命中如何通过与他人亲密接触的过程，历经 11 种情绪的变化。书内毫不掩饰地描述了每位成员情绪转折的经历，内容不但真实动人，亦无任何学术专业用语，因此读者极易进入这 12 位成员（包括王医生）的内心中，也易将情绪投入他们的世界，所以阅读起来一点也不觉晦涩乏味。

回过来谈谈何谓情绪？情绪觉察又是怎样的经历？它又如何联结到亲密过程与发展？情绪有如皮肤毛细孔，察觉外界刺激给予的任何体感，大脑综合这些感觉后，才做出反应；情绪亦有如眼睛瞳孔，任何外界形象，通过瞳孔进入眼底，最后在后脑部形成影像。因此，有如毛细孔或瞳孔功能的情绪，可感受外界最初传来的最原始的讯息，因尚未经过理智的过滤，所以它是鲜活的。但当情绪经过理智判断后所衍生的思考或行为，则会失去最原始的味道。总之情绪无所谓好坏，它只是如毛细孔或瞳孔般，真实反映人心里最赤裸的状况；亲密则是不断通过与人互动所经历诸多情绪的综合概念，而人格是个人内化与周边人互动的亲密关系。由于每人在塑造人格过程中，与周围他人的互动，都会在有意无意间留下不愉快甚至痛苦的疤痕，在往后岁月再遭遇同样情境时，这些疤痕无意间的隐隐作痛将会影响我们去接受再次传来的情绪刺激，结果压抑成为最习惯使用的防卫方法，但长久下去反而会阻碍我们的心理成长。

本书虽描述了 11 种情绪经验，但在字里行间仍会流露出团体内另类的情绪体验，如书中所提的"高峰体验"，我将其称之为第 12 种情绪，它是先验性或超越性，它与类同书中所述的正向情绪相似，但仍有区别，其乃从正负向情绪中提升出来，而不为此二种情绪所役，有如在高山上看着山下一清二楚的感觉；它基本上尊重与接受山下所有的事物，好与坏、善与恶或正与负，也由于这样的澄清，可觉察人被引发的所有情绪，当然亦可直觉地体验到此第12种情绪，我姑且称之为"灵性"，这过程有如"明心后见性"。

若欲从团体动力了解此团体提供的效益，最显著的是"镜子功能"，它不但帮助大家从别人身上看到自己的影子，亦同时通过彼此分享，和自己的人生对照，发现不是只有自己才有这样难以承受的情绪或经历，当体验到大家的相同性后，才不会压抑个人的负向情绪，而愿意摊开来接受与面对它，这是与一般团体心理治疗同样可贵的地方。另外，本书难得之处是每次团体历程描述后，都有王医生写的情绪笔记与情绪出路，它可帮助读者从复杂的情感中跳出来，以理性态度看王医生如何以学理分析这些情绪纠葛，以及怎样以健康心理面对。

在生命的过程中，我们都在学习与人亲密，也就是学习爱人与被爱，而爱首先就是要学会如何体会、觉察所经历的情绪，如此方能深思这些情绪累积所衍生的爱或亲密关系，最后再不断通过探索及了解亲密关系中的真实自我，进而超越亲密中的情绪纠葛，成为情绪的主人。

谢谢当年的伙伴们

王浩威

昨天参加台大医院精神科的谢师宴，遇到陈珠璋教授。他已经快 90 岁了，仍旧精神奕奕，还带来一瓶品牌罕见的威士忌，热切地邀我尽情品尝。

"喝呀，好喝喔，要不要试试看？"陈教授平常的口气是淡淡而疏远的，偶尔像现在这样语速加快、稍有重复、平淡中已经有些急切，便是他最开心的表达方式——虽然刚认识的人，可能会觉得他是不高兴，以为是被他凶了。

这是我做他的学生 25 年来，慢慢地，终于理解的。

到台大精神科，做最基层的第一年住院医生是 1987 年的事。当时，什么都不懂，就加入陈教授的团体心理治疗教学。我在陈教授督导或亲自带领的几个团体里，像是一个看不见任何巧妙的盲眼观察员。渐渐地，这样的磨炼也让自己开了另一只眼，开始了解团体里的动力、相互的影响，乃至慢慢浮现的疗愈因素。

我完成住院医生的训练，在花莲待了四年，又回台大担任主治医生，开始负责病房的团体心理治疗。这一次，我和陈教授分属不同楼层的病房，但总是在走廊上或电梯里相遇。

有一次，我告诉他要和《张老师月刊》合作，开始一个半结构的团体（指的是主题事先规划，但流程开放）。我的口气是戒慎而害怕的，因为这在当年还十分传统的台大精神科是史无前例的，而且，在我的印象里，陈教授又很重视规矩。

我现在忘了陈教授是如何回答的，应该是不置可否，只是问有没有将这个团体拿来做研究的安排？我慌乱地说，有录音、有记录，再看看怎么处理。

其实我内心中的团体是成员之间有更多的分享，而且是自发性地来自大家的信任。我会渴望试一次像20世纪70年代流行一时的相遇团体，这是由罗杰斯在20世纪60年代的氛围里发展出来的。因为这样，我大胆地采取了许多新的方式，对当时我在台大精神科所接受的团体治疗而言，可能是离经叛道的。我积极加入大量的自我揭露，不再是做高不可攀的沉默领导者。同样的，这个团体没有疏远的旁观者（记录者郑淑丽也被鼓励加入）。这个团体也没有为研究而做的前后测验，减少参加者可能感觉有人观察而不自觉的压抑，甚至记录发表时，我也不强求没受过团体训练的淑丽要在文章中抓住团体里相关动力的描述。

那些年台湾流行《情商》（1995）这本书，畅销程度比美国更甚。我不禁思索，这是否反映了台湾当时发生了怎样松动的社会结构，才产生了这样恐慌的假性需求。我也思索，比起情商，台湾文化或华人文化的传统里，对人们的情绪向来十分忽略，情绪相关的文化呈现也是很贫乏的。这些不足，比起情商，才是社会更迫切的需要。因为这样，我才向《张老师月刊》建议以"情绪"作为主题。

在学术界，情绪的分类向来是十分混乱的。这样的混乱，显现出这一领域研究的不足，也显示这些讨论可能还有很多丰富的可能性。虽然当时还没读到当代情绪研究大师保罗·艾克曼（他著有《说谎》《心理学家的读脸术》等）的著作，也没依他的情绪分类（所谓情绪的六个基本类型：愤怒、厌恶、悲伤、惊讶、恐惧、不快乐）来思考团体结构。但，幸运的是，我们将后来这十年相当受重视的正向心理学，特别是马丁·塞利格曼教授提倡的"快乐"，囊括进去了。

严格说来，当年的设计是以亲密的人际关系中所常有的情绪为主。在亲密关系里，不得不显现真实的自我，不得不揭露自己的潜意识。十分敏锐的朋友可以看出来，这些情绪的安排，其实是步步逼近人们向来自我保护而深藏起来的那些潜意识活动。

于是，12次的主题（11种情绪加上最后的分离），前四分之三是由浅入深，由表面现象深入深度意识，也是由生疏关系再深入信任中才能呈现的话题。随着团体成员彼此熟悉，也包括对团体的氛围、空间的各种存在和进行的方式等的熟悉，大家可以放心，这时，话题才可能渐渐深入。

最后的三次则是收尾。像外科手术一样，打开的潜意识伤口要慢慢缝合起来，脱下的自我保护铠甲要慢慢地穿上。当回到现实生活中时，每个人又恢复了要独自去面对的处境。一个好的带领人，至少要照顾好他的成员。这一点，我希望自己能做到。至于经历这次团体后，大家的内在是否改变，是否发生不同的作用而逐渐在生活中发酵，则是我更期待的。

这些日子过去了，回头看看这本书还是相当喜欢的。有些记录几乎是自己成长的痕迹，差一点就要忘了当年自己曾经有这样的思虑；有些还是珍贵的人生功课，自己也还在学习。我还是很高兴，在我的生命中某一年的好几个月，在罗斯福路某幢大楼的地下室里，自己曾经遇到、组成、加入了这个团体。自己是带领人，是观察分析人，也是最重要的——参与和分享的人。

我看完了这些文字，不禁又涌起对那些伙伴们的感激。谢谢他们的信任，谢谢他们的分享。在后来的人生里，我更明白这一切比我当年以为的还不容易，也更珍贵。盼望再版以后，这些失联的伙伴可以有理由再一次联络。至少，让我将新版的书送给他们。

我也谢谢王桂花总编辑，谢谢陈珠璋教授。如果可以，我盼将这本书献给陈教授，感谢他引导我走上团体心理治疗之路，甚至是所有的心理治疗之路。当年初版，我还没明白这一点，盼望现在还来得及。

学习凝视自己的情绪

王浩威

情绪是什么？其实，恐怕连我自己都很难描述得清楚。

从达尔文的重要作品《人和动物的表情》来看，许多情绪原本应该是本能的，是所有的动物都有的。然而，达尔文也注意到，有一些情绪则是人类专有而非动物本能。

我自己倒是对另一种情形感到好奇：动物所普遍拥有的情绪，却是人类所没有的或少有的，如喜悦和欲求。弗洛伊德对人类的理解方式，一方面受到达尔文的影响，一方面也就是注意到这一切的缺席，所谓的潜抑和压抑。长久以来，弗洛伊德及其精神分析追随者的理论，确实影响我良多。

即使是在人类中，不同的民族、性别和阶级，也有不同的情绪体验。

在我们的文化里，汉语本身就是一个对情绪的叙述十分贫乏的语言系统。同样的，在我们的生活里，比起西方人（特别是拉丁语系民族），我们的情绪活动是明显贬抑的。有趣的是，女性的情绪表达永远比男性丰富而准确，然而，在文化价值中又是被轻视的，如"女人太情绪化了"等常听到的批评。而阶级又是另一个更复杂的问题。虽然台湾的精神医学研究显示，在高度压力下，低社经阶层容易以身体化症状（头痛、累、酸痛等）来呈现，而中上社经阶层则以情绪症状（焦虑、抑郁、烦躁等）来表现，但是，单单这样的研究还是不足以呈现出其中的复杂性。

在这一次的情绪工作坊中，我试着引导大家来探讨彼此的情绪体验，包括我自己的。当然，这只是一个小小的记录，既不是严谨的质性研究（编者注：质性研究是以研究者本人作为研究工具，在自然情境下，采用多种资料收集方法——访谈、观察、实物分析，对研究现象进行深入的整体性探究，从原始资料中形成结论和理论，通过与研究对象互动，对其行为和意义建构获得解释性理解的一种活动），更谈不上对上述问题给出答案。

这本书只是希望带领着大家，通过书中每一个人的体验，开始学习凝视自己的情绪。

防潮箱里的回忆

郑淑丽

《拥抱自己：生命的 12 堂情绪课》是《打开情绪 Window》改版更名后再出版的新书。当心灵工坊出版社的总编辑王桂花告知旧作重出之事，除了惊喜之外，也觉得颇有意思。

从 1997 年 1 月开始，王浩威医生带领了由三男七女组成的"搞砸 EQ 情绪工作坊"，从恐惧、寂寞、嫉妒等负面情绪开始，再以快乐、信任等正面情绪收尾。成员们每周聚会一次，前后进行了三个月，总共 12 次。在成员们知情而且同意的前提下，同步进行录音，结束后逐字转换成数万字的稿子，《打开情绪 Window》即以此为基础，整理改写后出版。而这本书虽署名王浩威医生和我，实际上工作坊成员才是促使此书诞生的真正创作者。

多年后，原为作者之一的我，以读者的身份重新阅读这本书，依然觉得受用无穷。虽然工作坊的主题是情绪，但是讨论的主轴大多围绕"亲密关系"。或许，也唯有让我们真正在乎的亲密关系，才会如此深刻又细腻地牵动着我们的情绪。当年的我，是团体中年轻的成员之一，多年之后，再回看当时的记录，我已经成了团体中最年长的成员，如大姐、阿陌等人的年纪，看他们倾诉自己的人生故事，经过岁月的淬炼而更成熟的我，能以更多的同理心和更细腻的情感去贴近分享者的心情。因此，回看书稿的同时，我也修润了部分文字。

工作坊的录音带和当时逐字整理的厚厚一叠文稿，还收藏在家中的防潮箱里，没料到有一天会再拿出来重新省视。重新阅读书稿，我看到二十几岁的自己，在乎什么，烦恼什么，又愤怒些什么，有机会和十多年前的自己相逢，觉察了自己已经改变和未曾改变的部分，我觉得很幸运也很有趣。谢谢这一切的因缘。

为了让读者能更快地进入状态，我简单地介绍一下团体成员的基本资料，以及让人印象深刻的一小段话。

"我真是那么幸福吗？我说的话都没人可理解，难道幸福的人就没有难过的权利？"

吉吉，32 岁，公司行政人员。

"看到已经 56 岁还手牵手的夫妻，真是羡慕。这般亲密的能力我一直没学会。"

阿陌，40岁，出版社主管。

"孤单并非我主动选择的。因为害怕被拒绝，只好自己先选择独处。"

晴子，29岁，中学教师。

"似乎要等到人死了，感情不可能再有变化，才会有永恒。我害怕受伤，习惯逃避，可是这样下去，人活着还剩下什么？"

素素，28岁，会计。

"我从不希望，没有希望的人才需要希望；我从不失望，没有希望的人才会失望。"

阿勋，48岁，文字工作者。

"人真的可以借由考古学家的挖掘过程，慢慢挖掘出一些自己以为已经遗忘的记忆。"

阿正，33岁，研究所学生。

"不管到哪里，我的疏离感都会存在。我想维持人际关系，但又不想妥协。"

大姐，42岁，业务主管。

"我害怕父母对待我的方式，影响到我对下一代的态度，我真的很怕自己变得跟他们一样。"

阿妹，28岁，玩具设计师。

"如果一个人对人生绝望，可能选择自杀。如果对环境绝望，可能选择逃避。可是如果对另一个人绝望，那该怎么办？"

小倩，31岁，杂志社主管。

"似乎通过某个关卡，你就知道，和这个人有联结了，和这个人的关系不同了。"

唐果，32 岁，博士班学生。

目 录

第一课

恐惧：笑声在暗夜里回荡

我们可以利用"恐惧"观察自己的内在修为。

越自在的人越无须担心失控，

面对任何变化和风险，往往都能随遇而安。

"录音机试音……"今天是"搞砸 EQ 情绪工作坊"首次聚会，我在做最后的准备工作。

忙着布置活动场地，刚铺上绿色的塑胶地板，还来不及放上抱枕，已经有两位成员提前到来。

"刚下班吗？"我打招呼。

"不是，我早下班了，我是到台大校园打球后过来的。"剪着齐耳短发、皮肤黝黑的女孩，露齿笑着说。她是老师，下午三点后就下课了。

七点不到，成员们先后抵达，陆续挤进不算宽敞的空间里。还不熟悉的成员们彼此微笑示意，表示友善，但是无人交谈，小房间里弥漫着淡淡的尴尬气氛。

近七点，浩威也来了。他一落座，嘻嘻哈哈的笑声多了，话题集中在王医生身上，因为他是成员们都认识的人。两天前，成员们才分别跟浩威面谈过，因为报名参加工作坊的人超出团体预定人数，所以今天的参与者是因为浩威面试的"因缘"而聚首。成员们以浩威为中心，围成一个圆圈。

"王医生怎么会选我呢？"鬈发圆脸的女孩吉吉，迫不及待地开口询问。

我偷偷数了数人头，少了一男一女。还来不及点名，外头传来一阵嬉笑声，活动室的木门被推开，十二位成员全都到齐了。八个女生与四个男生，为了强调团体的异质性（搭配不同性别的人），四个男生中除了主持人浩威之外，其余三个都是以男性保障名额的名义强力邀请来的。

黑暗适合沉静谈心，不过要让几分钟前才认识的人打开心扉，是个考验。

全员到齐后，我关了日光灯，点亮晕黄的立灯，宣布"搞砸EQ情绪工作坊"正式开始。这个灯光转换的仪式是有效的。室内光线柔和昏暗，原本嘻嘻哈哈的笑语喧哗，突然降低分贝慢慢沉静了下来。黯淡光影下，不安的情绪悄悄流窜，尴尬的表情隐约可见。或许，黑暗适合沉静谈心，可是要让几分钟前才认识的人打开心扉，是个考验。

浩威先以自我介绍打破沉默："我是台大精神科的主治医生，难得能和大家一起参加这个课程长达十二个星期的团体。我对团体的学习，除了参加团体治疗的训练过程以外，就是对人的敏感。而这敏感可能来自对人的恐惧。"

"我们今天要聊的正是'恐惧'。"浩威停顿了一下，看了看大家，"记得在台北上初中时，是我对人敏感度最高的时候。因为刚从南部过来，发觉每个人都讲标准的普通话，让我觉得很自卑，非常在意自己讲话得不得体，压力非常大，才读了一年就因生病回家了。因为有过这样的经历，所以很喜欢思考人的问题。"

浩威说完，小房间里陷入静默，我也垂着头安静坐着。很多跟恐惧有关的记忆在脑海里翻搅，却畏怯着不知说些什么才适当。这是我第一次参加工作坊，不知道该说多少才能展现诚意，又不至于对陌生人暴露太多。是我缺乏信任别人的勇气吗？我实在缺乏安全感。斟酌再三，我还是保持沉默。

僵持了十秒钟，小倩开口了，她笑说由于坐在浩威对面，想保持沉默，又觉压力太大，只好自告奋勇发言。小倩的五官精致分明，不说话时有种雕像般的冰冷，但是一开口说话，灵动的眉眼让她的表情有了暖意："我想，我最大的恐惧来自担心家人的变化。去年七月，我的外祖父过世了，他是突然倒在路边被人看见，送医途中就过世了。这件事之后，我常会忧虑，不知道我的亲人什么时候会离开我。"

小倩说完，见旁人没回应，嘻嘻笑了两声，提醒大家："我说完了。"小房间里只剩下刻意压抑后的呼吸声。我也赶紧收敛目光，深恐接触到浩威的眼神，会承受不住压力而"被迫说话"。平常最爱叽叽咕咕的我，竟会畏惧在团体中发言，是怎么回事呢？我忍不住低头偷瞄其他成员，只见一个个低垂着头，各自倚靠着抱枕，躲在昏黄的光晕外围。浩威开口招呼靠墙边的两人说："你们坐进来点，帮忙把圆圈拉近，坐那么远像孤儿似的。"

我每次都在电话里哭得喘不过气来，就是要把痛苦渲染得让爸爸心疼。

坐进圈子里的女孩是吉吉，白皙丰润的脸庞下略显腼腆的神情，有种娇憨稚嫩的气质。吉吉接着说："刚才有人提到失去亲人的恐惧，让我想起爸爸。我最大的恐惧是让爸爸失望。以前交往过一个读美术系的男朋友，我很害怕带他回家，因为我爸'阶级观念'非常重，我觉得他一定不会接受我的男朋友。记得我念初中时，爸爸朋友的孩子读私立大学，他交了一个读台大的女朋友。当时我很惊讶，怎么有台大的女孩愿意跟他在一起。我受父亲的观念影响很深，长大后因常跟我妈聊天才稍微有改变。"

吉吉说话时，旁边有人"哦"了一声，循着声音望过去，是个脸庞瘦削、穿件黑色高领毛衣的女人，脸上露出疑惑的表情。吉吉转过头去看了她一眼，像在等待"哦"之后的反应，等了一会儿才又缓缓地往下说："我曾在几年前出国念硕士，可是没有拿到学位就回来了。因为我每次都在电话里哭得喘不过气来，我妈说：'你回来吧！人平安就好了。'我爸就说：'你再忍忍啊！就能拿到硕士学位了。'我会把痛苦渲染得让他心疼。后来他忍不住，说你回来吧，我就回来了。"

刚才"哦"了一声的女人，脸上带着一副不可思议的表情问：

"你从没有违背过爸爸的意思？"

吉吉笃定地点头："我觉得，爸爸觉得对的就是对的，我爸要我做什么我就做什么。"吉吉的顺从表现得毫不犹豫。浩威反问那个"哦"了一声的女人："为什么这么问，你想到什么？"

我爸很多动作都是在跟人家讨爱，像在要求"多爱我一点，注意我一下吧"！

女人爽朗地笑了，她的轮廓深刻而分明，衬托着冰冷的气质，不笑时表情有些严肃。她笑说，自己从小就很有老大特质，在学校人家都叫她大姐："我很怕自己像爸爸，尤其是生气的时候。我曾通过其他的工作坊来观察自己，我发觉自己很压抑，不太敢生气。可是奇怪的是，只要我不说话看起来就很凶。所以办公室发生冲突时，就会找我去扮黑脸。"大姐说话时条理清晰，毫不拖泥带水。

浩威追问："生气会是什么样子？"

大姐略微低头沉思。她不说话时，脸上鲜活的表情不见了，可亲的模样顿时消失。想了想，大姐回答说："生气啊，我觉得生气爆发出来很可怕，我非常怕自己像爸爸。我爸生气时总是造成很大的灾难，他会打太太、打孩子，我小时候常被他拿着扁担追着打。我祖父母的关系也不好，也会暴力相向，所以……"

"为什么怕？因为你对他很不以为然？"浩威紧追不舍。

"对！可是后来我发现爸爸很多动作都是在跟人家讨爱，像在要求'多爱我一点，注意我一下吧'！他其实是很缺乏爱的人。发现父亲有这个倾向后，我很庆幸自己不像他，哈哈哈。"大姐放声笑了。

浩威看着她接着说："我们的反应会不会表现为越恐惧就笑得越大声呢？你讲的是很深的分享，却也是清楚的分析。你说爸爸是个善于讨爱的人，让一切听起来很动人，就不用显露出当年让你不舒服的情景。用分析式的语言隐藏内心的恐惧，感情也就可以割离。"

大姐以微笑注视着浩威，认真聆听他的回应，很难解读她的表情，或许有许多前尘往事瞬间在她脑中翻搅吧。

躲在书橱角落的阿妹，被浩威以眼神点名，她看起来怯生生的，似乎有些紧张。她哑着嗓子说，自己最恐惧的是人际关系："因为我不会控制自己，情绪有时会突然爆发，事后就很后悔，也拉不下脸来道歉。我想，那跟我父亲有关，他一有情绪就会大骂，或者是摔东西，让家人担惊受怕，我多多少少会受影响，常开口没讲两句话就'噼里啪啦'吼叫。唉，这是我的恐惧，挺深的。"阿妹随口夹杂几句家乡话，让情绪表达更有"现场感"。疑惧不安的眼神相较于她明朗的表情，让人印象特别深刻。

这么多人害怕爸爸，更怕自己像爸爸。我不禁想起，自己也会害怕父亲失望，也曾因为考试没考好，想到父亲严厉的眼神而心情忐忑，迟迟不敢进家门。但是这一切惊惶，都随着父亲过世而淡去，恐惧已被思念取代。但是不知道为什么，我还是什么都没说，继续沉默。

小倩开玩笑说："下次我们应该把爸爸都带来。"浩威颇为赞同地附和："有很多共同点哦，也帮爸爸办一个工作坊吧。"

"是啊！"坐在大姐右边的唐果发言。他戴着细框眼镜，穿着干净整齐的衬衫、牛仔裤，头上顶着刚烫过却未仔细梳理的及肩乱发，右耳际还挂着两个金色小耳环。这个充满书卷味的斯文男孩，用小细节表达了他的"率性"和"没那么乖"的性格。"刚才大姐，"唐果故意停顿一下叫声"大姐"，把大家逗笑了。

唐果接着说："小时候，我也很怕爸爸。我爸给过我一块手表，其实那是块老表，不久后秒针就掉了；再过一阵子，分针也掉了；又过没多久，表就完全不能走了。我很害怕，担心爸爸发现表坏了。我把手表拆开乱修一通，没修好又把盖子盖了回去。我还是每天戴着表，时时刻刻都看墙上的钟，随时注意时间，我怕万一爸爸问我几点了，我却答不出来，他就会发现表坏掉了的秘密。后来他还是发现了，结果怎样我倒忘了。"唐果是个说故事高手，儿时的恐惧被他说得生动有趣，众人被他逗笑了，仿佛坐上他的记忆回溯机，回到"案发现场"。

"长大后，却不一样了。我故意要'吐我爸的槽'，我要别人觉得我怪，觉得我无法分类，我就是不守规矩，因为我爸就是非常循规蹈矩的人。"喔，头顶上的乱发和耳垂上的装饰，就是这意思吗？不知唐果的父亲如何回应儿子的改变？但是我还是保持沉默，没开口询问。

妈妈何时回来？等待的恐惧无边无际，听到哀伤的音乐，眼泪就会流下来。

"改变很大的，以后在团体里可以慢慢说。"浩威说罢，眼神转向坐在大姐左边、肤色黝黑、笑起来甜甜的女孩，她是从台大打球回来的晴子。

她说自己最深的恐惧来自儿时的记忆："读小学时，爸妈如果吵架，妈妈就会离家出走。不知道何时会回来，也不知她会不会回来，等待的恐惧无边无际。那时听到哀伤的音乐，眼泪就会不知不觉流出来。后来，爸妈摩擦少了，妈妈也很少离家出走了。即使出去，我也知道她会回来，就不会怕亲人的分离，因为害怕也没有用。"

听完晴子的恐惧，浩威若有所感地转向吉吉说："父亲的期待让你有压力，可是你不会逃；晴子觉得害怕没用，怕多了也就不怕了；唐果干脆就换个方向，用一生吐他爸的槽。可是你都不会这样……"

吉吉想了想，顺着浩威的询问反省自己对爸爸的完全顺从："我觉得爸爸很疼我，以致后来让我变得没责任感。像上次跟王医生面谈后，我回去跟妈妈说，只要我入选，我就赢了！妈妈说：'你就只想要，却不懂得珍惜。'我又跟妈妈说：'我好担心哦，王医生是精神科医生，如果他选上我，是不是表示我有病呢？'我只想争取，想要赢，却不知道有什么意义。"

浩威听完笑了笑，接着点出她的矛盾："你害怕父母对你有期待，可是你一得到，马上回去跟妈妈讲'我得到了'！"

吉吉完全不反驳，只是无奈地说，自己对父母的依恋很深，所以没办法跳出来。浩威揶揄她说："我感觉你是我们之中最幸福的。"

那天你喝了点酒，很放松，却坚持不做决定，是因为害怕失控吗？

坐在浩威左手边的阿勋，国字脸上残留着没有刮净的髭鬓，是团体中最年长的男性。他轻描淡写地说，自己从事自由职业，在家写文稿。难怪看起来悠闲从容。他之所以来参加工作坊，是因为两天前坐车经过杂志社，顺道来拜访老朋友，刚好遇到浩威。因为工作坊男生报名较少，尤其缺少阿勋这个年龄层的男士，所以浩威大力邀请他来参加。

阿勋先喝一口水，慢条斯理地说："'恐惧'对我来说相当模糊。好像有很多事情是恐惧的，可是仔细一想又不构成恐惧。我现在还没想得很清楚，很难说清楚。"阿勋无法具体说明自己的"恐惧"，带着疑问似的看着浩威。

"说清楚那么重要吗？我觉得你很努力用很清楚的字眼来形容你的恐惧。像那天邀请你参加工作坊时，你是犹豫的。我想，当时你应该是最放松的，因为刚喝了一点酒，可是你坚持不做决定，好像你觉得事情最好还是在可控范围之内，变动是很大的恐惧吗？或者，失控是很大的威胁吗？虽然你看起来那么潇洒。"浩威微笑着质疑，像在帮阿勋挖掘他自己还没明确察觉的

"恐惧"。

"失控吗？因为这个邀请是突发状况，如果答应，生活会受影响。后来我想想，这是特殊机缘，这活动到底能让我学到什么，把我带到哪儿去？于是就决定来参加。"阿勋犹疑不定，还在思索，一时无言。

"说到失控，"盘踞在另一角落，初看与阿勋年龄相近的阿陌，也是今天最早到的成员继续分享。她弓着身体，蹙着眉心，嘴角下垂，不敢松懈的神情，让人感受到她拘谨严肃的态度。阿陌扶扶鼻梁上的镜框，坐正说："我的恐惧是害怕改变。大学毕业典礼一结束，我就去上班了，一做就是二十几年。人到中年，更怕改变。我一直不敢去学开车。我女儿常埋怨我不会开车带她去玩，可是我害怕自己不能控制方向盘，所以都坐公交车，甚至连摩托车也不敢骑。我喜欢把事情安排得好好的。害怕意外，我会找很多理由阻止自己改变。"

"包括现在坐的位置，也是怕改变的结果？"浩威看着她。阿陌点头，摸摸身旁的书柜说："我会尽量去找一个位于角落的位置，两边有东西保护着的。"

人到中年，就会害怕改变？是因为越来越意识到自己的能力有限，知道不可得的东西越来越多，所以安全感越来越少？我到现在还在尝试摸索的阶段，总是想改变现状，过几年后，我也会从渴望变动到期待不变吗？阿陌旁边坐的是穿粉红长洋装的素素，淑女打扮的她，到目前为止，脸上总挂着浅浅的微笑，聆听成员们的分享。她说："我独自住一间公寓，因为房东很少回来，有时我一个人睡，听到奇怪的声音，就会胡思乱想睡不着，所以我习惯放着音乐睡觉，哪怕一首歌没听完我就睡着了，还是要开着收音机。如果有人问我会不会怕？我都说不会，因为我已经这样过了五年。可是每晚睡觉时，门都要加一道锁，才感觉比较安全。但是我又忧虑，万一发生火灾，又要多开一道锁，危险性岂不是提高了？我就是会东想西想，很没安全感。平时工作又常常要加班到很晚，都是一个人走回家，回到家也是一个人，最近社会治安又很乱……"素素嘟着嘴，无奈地叹口气，她的声音高亢，表情和语调都很活泼，感觉是个热情的人。

素素停顿一下，羞涩地笑笑说："刚才阿陌说她不敢开车，我也是。我也怕失控，开车碰到的问题是无法控制的，我会害怕。假如有一条很直的路，两边都没有车，我就敢开车了。所以，我也害怕改变，因为那是未知。"

我不敢做承诺，因为一固定下来，我的梦也变少了。

又是寂静。浩威的眼神又点名了："淑丽？"唉，终于点到我了，数一数到现在还没开口的人也没几个了。我先介绍自己是月刊编辑，害怕的事情很多，可是现场想到的恐惧是："这份工作是我做得最久的，从前年毕业到现在，这是我第三份工作。前两份工作都没有超过四个月，虽然其中一份工作是杂志社倒闭了导致离职，不能怪我，可是我总觉得我什么工作都做不久。我来这里有八个月了，自己都觉得不可思议。刚才有人讲过怕变动，我刚好相反，怕过于安定。毕业后的第一份工作，朝九晚五，我每天都得计算何时必须上公交车，走到那根柱子时该是几点，否则我一定会迟到，每天连刷牙、洗脸、上厕所的时间都被固定了。

"有一天，我梦见好久不见的老朋友，醒来时哀伤地坐在床上发呆，我看到时间一分一秒过去，我知道自己快迟到了。虽然我有稳定的经济来源，可是我才二十几岁，就可以看到我五十多岁的生活了，这样的想法迫使我无法找固定上下班的工作。我妈常会向我灌输，当个公务员或老师多好，可是我无法做太固定的工作，对我来说这样才有可能性。我也没办法想象生孩子、买房子，这些会阻碍我变动，逼我安定下来。如果不再有变化，我会很害怕。"

是追逐理想还是自我放逐？理想似乎变成掩盖恐惧的借口。

浩威接着分析我的恐惧："我有些直觉，虽然你和晴子采取的生活方式不一样，可是你们处理恐惧的手法很像。比方说，为了不害怕，索性就主动忽视自己的感觉，反正害怕没用。我的工作就不得不稳定。我以前跑到花莲，当时认为大家都留在台北，自己不必也跟着挤在这里，所以就勇敢地跑去花莲工作。可是也会自问，我到底在追逐理想还是自我放逐？理想好像变成掩盖恐惧的借口。我会把淑丽的体验想成自己体验的投射——不太敢定下来，觉得定下来好像要负责任，就是要有成就感，要有车子、房子，如果真那样似乎会有什么死掉了，也会觉得做久了成绩到底有多大？"

"做久了成绩到底有多大"，这是我不断转换工作的原因吗？我害怕检视自己的工作成果吗？这个角度是我以前不曾思考过的，以为是在寻找理想，其实是在自我逃避？看我一脸困惑，浩威笑说："我会有这种感觉，跳跃很快哦！"

坐在光晕底下的唐果说："大家讲的我都很有共鸣，尤其是刚才听——威哥，"唐果昵称浩威为"威哥"，众人一听都笑开了。唐果正经地说，"听威哥讲时，我就想到小时候，总是走固定路线去上学，感觉很无聊。每次要走那条路，就觉得很难过，有时还要提着哥哥姐姐的便当，很重。有一次看到一辆车，停在我家巷口。引擎还在动，我突然想坐车去上学。车子后面有块踏板，我站上去，车子就开了。真的开了，我好高兴啊！开了几百米后，我突然间想，这车子要去哪里？如果开到大马路上，我穿着校服，抓在车后，别人会不会觉得奇怪？想到这里，觉得很恐怖，于是我就跳下来。那时候不知道有加速度，跳下来后，我就往前仆倒，往前滑行，滑得很远，滑到一个面摊前，面摊前有许多大人纳闷地看着我。

"对我来说，我一直在寻找有可能性的东西，像骑摩托车，我希望骑得越快越好，跟别人贴得越近，几乎可以合为一体越好。记得有一次我骑摩托车遇上一辆公交车，尾气很多，我觉得很烦，故意跟它贴很近，近到让那公交车碰断了摩托车后视镜，突然间我才觉得恐怖，只差一点点我就完蛋了，可是又觉得很爽，但那时候是恐惧的感觉比较大。失控的当时虽然恐怖，但那一瞬间又很快乐，所以我对淑丽讲的可能性，又爱又怕。"唐果活灵活现地说着，往事历历如在眼前。

唐果说我害怕安定是因为想寻找可能性，浩威说我怕安定是因为害怕承担责任，过去的我，擅于描述现象，却不曾深入探索，找出问题的症结，我得再好好想一想。

生命一成不变是恐惧，变得厉害也是恐惧，到底怎样是好的，我也很困惑。

看起来很有男人味的阿正，头发理得短短的，酒窝挂在唇边，笑起来憨憨的。他和唐果一样，学哲学的，也是男性保障名额内的一员。他搔搔头后认真说："安定与否必须在危险和变动中去谈。"他用字精确得像在回答严肃的哲学申论题。

"我父亲有精神疾病，我妈必须照顾他，所以我很小的时候就觉得该自谋生路。我从中学起就开始打工，千奇百怪的行业我都做过。最糟的状况是，高中休学后独自来台北工作，身上只剩五百元，用完后就没着落了。那时候，都做些又脏又累的工作，像挑砖块、当泥水匠，我还曾在特殊营业的场所做过吧台营业员，危险是随时随地的。我曾经遇到过一个客人，喝醉酒不高兴，抓起大哥大就往吧台上摔，一摔，杯子全破了。当时，我没有任何反应，事后有服务员问我，为什么不害怕？我说，当时先是吓呆了，然后是求生的本能，因为不能得罪客人。所以我觉得，选择安定或变动都是其次，重要的是韧度，让生命去磨。"

阿正分享了他在"江湖上"打滚的丰富经验，间接回应了选择"变动"或"安定"的问题。能感觉恐惧，甚至还能逃离恐惧，表示生命还有余裕，有对象可以求助，这些可能都是幸运。但是阿正已行到水穷处，身上钱财所剩不多，不能依赖父母的他，毫无退路，也没有选择的余地，只能想办法让自己活下去。

在变与不变的话题中深入探索，将近十点时，气氛因逐渐熟识而活跃，浩威忍不住打断阿正，说要下期待续。

小倩忍不住问道："可以先公布下次谈的主题吗？回家先做准备。"谈了三个小时，阿陌疑惑地问："这样的团体有治疗的作用吗？或者只是分享？"晴子也带着困惑说："这次的主题是'恐惧'，我说出了我部分的恐惧，不太知道这个主题再延续下去会怎样。大家对彼此的了解，会随着主题增加，还是……"

浩威略略调整坐姿，像要做个慎重的结尾："刚才提出的问题，面谈时也有人问过。其实自己当精神科医生，有很多思考和困惑。我以前学习社会思想方面的理论时，受米歇尔·福柯的影响很深。他是反精神医学的，他认为精神医学相当于父权，强调专业，强调权威，整个治疗的过程就是个社会控制的过程。我很不喜欢，一直想要跳出这个窠臼。所以遇到有人像阿陌这样问我，我会说：'我没有能力治疗你。'我习惯性这样回答。我似乎害怕负责，所以就会讲团体要民主，权力下放给大家，或许这是种说法吧！

"事实上，生命每个阶段都有些合理的讲法。我去花莲时，就告诉自己去花莲很好，能实现理想。打算回台北时，就说过去都在自我放逐，现在该回家了。到底怎样才是生命的历程？我也在思考。可能活到最后会觉得生命一成不变是恐惧，变得太厉害也是恐惧。到底怎样才是成熟，才是被治疗好了？我也很困惑，所以我宁可开放这部分的思考空间。可是在今天的分享过程中，我又忍不住会用自己的经验去判断。比方说，我会反复追问吉吉和她爸爸的关系，事实上我在整个过程中，内心一直预设着立场，想说你将来一定会叛逆。"浩威向吉吉点点头，吉吉脸上挂着不置可否也不急于反驳的笑容。

　　浩威继续说："为什么今天先讲'恐惧'？我觉得人生应该先从恐惧开始。像晴子说的，'妈妈走了，不知道何时回来'，那种恐惧是很深的。我们都比较幸运，父母很快就回来了，所以我们失去还会害怕，可是晴子害怕也没用，到最后只好不怕了。不过像吉吉的害怕就有用，父母就会叫她回台湾，不必再留在国外拿学位。

　　"至于团体训练能够达到怎样的效果？我并不做预设，就顺其自然吧！我也不希望先公布下次要谈的题目，让大家回去先做准备，我怕每个人觉得自己没讲完，就不能安心听别人讲的。好了，今天就先到这里吧！"

　　这个工作坊只是彼此生命经历的分享，或者是具有疗愈效果的治疗团体，浩威并不多做设想，或许要走到最后才能知晓吧。

当初选"恐惧"作为我们团体开始讨论的主题，是因为彼此的"陌生"。所谓陌生，不只是身份的陌生——成员们彼此不认识，也包括心理环境的陌生——因为大部分的成员都没有参加过这种团体。在陌生的环境下来谈自己，把自己平常都很少想也很少讲的东西拿出来，本身就是很陌生的举动。

要求刚刚认识的人，马上坐下来说自己，是一件不容易的事。所以，团体开始时，身为团体领导者的我只好施加一点压力，比方说自我介绍的安排，已经暗示每个成员迟早都要开口说话。

每个人面对陌生的环境，反应都不太一样。在一开始征求哪个人先讲时，大家都保持沉默。团体的沉默会将恐惧的感觉累积，直到有人受不了就会跳出来说话。在我们的团体里，首先出来说话的人是小倩。当小倩讲完后没人回应，她自己还是感受到压力，因为众人的焦点仍集中在她身上，所以她只好笑两声，然后说"我说完了"，表示没她的事了，让其他的成员来承接她的压力。

我们可以从一个人表达的方式，来观察他如何处理恐惧的问题。比方说，谈"恐惧"时，越逼近话题的核心，笑声就越多。

"笑"其实是自我保护。笑声很夸张，或以扮小丑的戏谑口吻来说话，这是一种方式。还有一种则是"自我疏远"——把自己当作"他者"来叙说，好像在说别人的故事，叙述的主体虽然是"我"，但自我并没有随着讲述的过程，感受到同一时刻的情境。说话者虽然谈的是自己，他的语气却平静、理智，这种把自己客体化的行为，也是为了掩盖恐惧。另外还有一种，则是说话时很紧张，会发抖、不知所措，这是比较常见的。

成员在这个陌生的团体中虽然感受到压力或是恐惧的情绪，但是在当场并没有人主动说出来。大家说的都是过去的故事。虽然成员之间未必拥有真正的熟悉感，但把故事说得很精彩，让彼此可以共同抛掉原来的陌生，就可以假装不存在恐惧。在团体中，讲过去的经历当然有意思，可是如果讲"此时此刻"，立即抓住当下互动的感觉，其实对自我情绪的训练和探索会更有帮助。

至于在恐惧的内容方面，很多成员都提到离开熟悉的事物，是他们恐惧的原因。比方说吉吉离开家出国读硕士，每次都在电话里哭得喘不过气来；晴子在等妈妈回来，不知道妈妈何时回来，等待的过程中恐惧就无边无际地蔓延，因为妈妈是熟悉、亲近的对象，一消失就会让人很恐惧。

不过，亲近的对象——比方说爸爸妈妈也有可能是恐惧的来源：因为担心他们眼中的自己不够好，他们一出现，我们就会想到自己不够好或者被指责自己不够好，于是恐惧的情绪也会出现。另外，阿妹提到爸爸动辄发脾气摔东西，让她很恐惧，亲近的人或某些特殊的情境造成习惯性经历所引来预期的恐惧，也是常见的。比方说看到父母回来，就想到父母可能会吵架，心里就开始产生恐惧。

怕自己失控，也是害怕丧失熟悉感。害怕失去对自己的熟悉，对周边环境的熟悉，也是另一种常见的恐惧。阿陌会阻止自己改变、大姐害怕自己生气、素素担心住处发生火灾或有坏人侵入。人在面对无法预测、无法掌握的突发状况时，难免会产生恐惧。至于有人提到，无法忍受一成不变，害怕太熟悉，怕失去活着的感觉，这是属于存在的议题，就是有点像挪威表现主义画家的先驱爱德华·蒙克的画作《呐喊》，生命窒息到让人非呐喊不可。

情绪出路

恐惧主题始终围绕着熟悉和陌生，可掌握的和不可掌握的。对人们来说，未知的一切包含所有可能的风险。如果能熟悉掌握，就可以排除风险和无法预期的变动。那么人该如何看待恐惧呢？我们可以将恐惧看成对个人自在状态的考验。有的人面对恐惧是不断地回避，这种人活得很用力，努力维持一种平衡，所以他会回避任何背后隐藏风险的举止，其实那当中有很深的恐惧，就是担心失控，害怕瓦解；而越自在的人，越不需要回避这样的失控，所以恐惧跟宗教上的修行也有关系。对于到了某一个年纪的人，如果神情自在，我们常说这个人是智慧老人，总是笑眯眯的，像是已见识过人世间的大风大浪，面对各种可能的变化和风险，他都能随遇而安，所以我们倒是可以用"脱离熟悉的环境会不会恐惧"来观察自己内在的修为。

延伸阅读

《恐惧与希望》（1997），丹·巴旺著，内蒙古人民出版社。

《论恐惧》（2015），克里希那穆提著，九州出版社。

《转逆境为喜悦：与恐惧共处的智慧》（2013），佩玛·丘卓著，深圳报业集团出版社。

第二课

寂寞：在人群中销声匿迹

害怕寂寞，就更要去凝视自己的寂寞，

想想自己无法忍受的是什么？

不经思索找人来陪,恢复到不寂寞的状态,

究竟是得到更多，还是失去更多？

外头下着小雨，十二月的寒流，天气冷飕飕的。第二次聚会，活动室中央摆了一张小茶几。浩威感觉上回大家坐得太零散，承受不了逼近话题核心的压力时，轻易就能躲进各自的小角落，或许这次可借助小茶几将人围拢过来。

在小茶几上，放了茶水和糕饼。真是奇妙，先来的人都围拢在茶几边喝茶、聊天，果然符合浩威的"期待"。雨夜中，十二个人围坐在茶几边，就着昏黄的灯光和热茶、点心，外头的风雨变得遥远。但彼此还不算熟的人靠得那么近，近得连想闪避迎面而来的眼神都毫无空间。

难过的寂寞突然涌现，我已许久不曾有这种感受，可是年纪大了却跑了出来。

坐定后，浩威宣布今天要谈的主题是"寂寞"。唉，坐得这么近，要谈"寂寞"，实在让我不安，我悄悄移出圈子外一点点，企图减轻压力。"'寂寞'是很普遍的情绪，而且很早就有了。晴子，你上次说等妈妈回来的那一幕，还记得吗？说说更具体的感觉。"浩威凝视着桌子对面的晴子轻声问。

"啊！"晴子意外自己第一个被点名，"好像是躺在床上，很大的床，我躺得歪歪的，听着音乐，像在等谁回来。啊，这么突然的状况下要说出来，好难……"

"那感觉应该很强烈，可是一下子说不出来，甚至不容易去想，因为不熟悉了吗？"浩威盯着晴子问。

"哈，我已经记不清楚了，即使后来听到相同的音乐，我也不会那么悲伤了。"晴子吐了吐舌头，以笑容化解压力。上次她分享了很深的恐惧，不过目前看来，晴子这条引线暂时点不燃。

灯光昏暗，众人静寂，或许脑中有很多寂寞片段闪过，却还不到说出口的时机。浩威打破沉默说："寂寞跟孤独或许要分开看待。孤独是很好的享受，寂寞就比较难忍受了。我初中时独自到台北来念书，那时候个子很矮，坐公交车还拉不到拉环，所以就干脆走路回家。我在台北一个人走来走去的经历很多，这种孤独感我觉得还不错。

"不过前年去环游世界，到最后实在太累了，最后一站到阿根廷。那时候去看海狮，动辄就是几百千米的车程，放眼望去千里无人。玩了一天回到旅馆，发觉身上只剩下三十美元，因为当地不能刷卡，所以我只能节省着花，每到用餐时间，别人去餐厅吃饭时，我就在外面啃面包，然后每天看着钱慢慢变少。那时候住的旅馆楼层很高，外面就是港口，接近南极点，整片海蓝到……"浩威停下来，轻轻地摇摇头。"感觉像被天下遗弃了。玩得很累，身上没剩多少钱，到底要前进还是后退？很难过的寂寞突然涌现，我已经很久不曾有这样的感受了，可是年纪大了却跑了出来。那很像……记得小时候曾做了个梦，梦见全家要去奶奶家玩，只剩下我一个人。醒来时家人都在屋内，根本没这回事，可是我哭了一整天，哭得很惨，有种被抛弃的感觉。这一幕常常在脑海浮现，从没有忘却。"黑暗中，有一声轻轻的叹息。晴子摇摇头说，听不懂。浩威笑着说，没关系。

家人不听我诉说，之后我做了个重大决定，不再开口跟他们说话了。

一会儿，坐在茶几边缘的大姐，双手抱膝说："我清楚地意识到寂寞，是在要考高中时。学校老师都认为我必须到台北来考，他们认为我一定考得上，那是他们的光荣。可是我的压力是，我爸觉得女孩子不必读太多书，我怕万一考不好，爸爸就不让我念了。老师又跑到家里来跟我爸说，你一定要让女儿念书。我读得很寂寞。有一次在浴室里狠狠地大哭，哭完之后，擦干眼泪走出来又是一条龙，好像什么事都没发生。后来我真的考上了台北市立第一女子高级中学，从基隆坐车到台北来上学。晚上放学回去，尤其是冬天，天色都暗了，有时候还下雨。坐在车子里，看着窗外远处的灯光，觉得自己累了一天，肚子也饿了，回家还要做饭，寂寞的感觉就会浮现出来，有种'冠盖满京华，斯人独憔悴'的感觉。"

大姐谈起寂寞，反倒敲开了晴子的记忆之窗。她说："考高中时，我问家人要不要陪考？可是他们都说不能去。我很少主动邀人家陪我做什么，可这是挺重要的一件事，我竟然被拒绝了。记得刚上小学一年级时，什么事都觉得很新奇，回家就讲给妈妈听，妈妈说我讲得太长了，一脸不耐烦的表情；讲给哥哥姐姐听，才说到一半，他们会突然转过头去做别的事情；讲给爸爸听，我爸却说'不要吵，我在看新闻'。因此我做了个重大决定：再也不要开口跟他们说话了。之后我变成了一个非常努力读书的孩子。放学回家后，我就坐在书桌前做作业，不跟家里的人说话，很多话我都是自己跟自己说。有一次，哥哥居然就在我旁边跟妈妈说'妹妹可真自私啊'！就在我身旁说我的坏话，好像我根本不存在，像个木头人一样，没有嘴巴也没有耳朵。我也不出声反驳，心想就当个木头人好了。我想，总有一天你们会明白！可是每当我想到'总有一天'，就很难过，因为那一天指的就是我死的那一天。当时我年纪还小，不晓得何时会死，好像离我很远。啊，对不起，我很容易哭……"

耳边突然传来激动的哽咽声，我抬头一看，晴子哭了。晴子拿出手帕拭泪，她不好意思地边哭边笑着说："对不起，我有准备，我很爱哭……"

因为我害怕被拒绝，所以情愿先选择独处。

"我觉得考试是件重要的事，所以我挺喜欢陪考的。"外表严肃的阿陌，出声缓和晴子的情绪。晴子擦去泪痕，接着说："去年学校要我做教学观摩，虽然已经准备得差不多了，可是当时就想'砰'地从二楼跳下去。"

浩威讶异地问："为什么有这么强烈的感觉？"

"唉，"晴子幽幽地说，"可能也是寂寞吧！我觉得在学校里，我并不被喜爱。在学生面前，我必须顾虑到形象，我心里不免会抱怨：'你们怎么看不清我的真面目呢？真讨厌！'在同事面前也是，他们并没有把我当成他们中的一分子。那一次我被选为语文教学观摩，就是因为他们觉得我不是他们中的一员，陷害我不会良心不安。那种被孤立、被陷害的感觉，好难受——难过到好像没办法完成教学观摩，于是就想跳楼。我在学校很孤单，孤单并非我所乐意选择的。长久下来，因为我害怕被拒绝，只好自己先选择独处。"

晴子的笑容，和煦有如冬日里的暖阳，内心却有这么强烈的孤寂感，听起来有极大的反差。

下着雨的除夕夜，突然想找人说说话，于是我拨了"117"。

"我也有很长一段时间独处，"是大姐的声音，她缓缓抬起头说，"有十几个除夕夜，我都是一个人过。自己到木栅山上走走，很寂寞。可是有个下雨的除夕，冷清得让我无法忍受，突然很想找个人说说话，但是除夕夜里每个人都在跟家人团聚，不知道可以找谁，所以我打了'117'（报时服务客服电话——编者注）。听到有人说话后，自己慢慢安定下来，这寂寞就被打发掉了。"

十几个独处的除夕夜，那样的孤寂我实在无法想象。害怕寂寞的我，恐怕难以承受，但是大姐"坚强"得靠着呆板的报时语音就能撑过去。素素开玩笑似的建议，或许下次可以改打报修障碍台或气象台的电话，内容可能有变化。可是，除夕夜呢？或许人工接线的查询电话应该也转成机械语音了吧。

我不禁好奇，大姐怎会如此寂寞，想找个人聊聊都困难？她没有家人或者朋友可以陪伴她、听她说话吗？我不敢问，或许以后会慢慢揭开谜底吧。

初中就有自杀的念头，99%的我都很乐观，但我又喜欢这1%。

浩威看着大姐说："我觉得寂寞时，是销声匿迹、离人群最远的时候，最不可能找人倾诉。高兴、恐惧或者其他情绪，似乎都能讲，唯有'我很寂寞'，似乎很难说出口。寂寞的感觉有时让我不舒服，有时却让我挺喜欢的，接近……想自杀的感觉。我刚才讲到去阿根廷旅行，其实只讲了一半。当时住的旅馆楼层很高，有点想跳下去。这种想象在我的生命中常会重复出现。我害怕这种感觉，可是我会告诉自己不要怕，我现在就试着讲出来。不晓得为什么会这样。找初中开始就有自杀的念头。我99%都很乐观，可是我又很喜欢这1%。"

善于治疗别人的精神科医生，竟然也是个想跳楼的家伙？真不知道该惊讶还是该安心，沉默了几秒，浩威苦笑着问："我这样正常吗？"

大姐故作开朗地提高嗓音，像要打破令人焦虑的寂静："嘻，'大师'还问我们吗？不过，当你想自杀时，什么样的情境下会真的这么做？"

"我是从来没有尝试过自杀，因为99%的乐观还在。可是我挺喜欢这种念头，这可能是我另一种生命力量。在我内心深处，喜欢别人觉得邪恶的一些念头，虽然我从来没实践过，可是很高兴自己有这样的念头。我写过一篇文章，是说我开车出车祸，那状况其实是我开车不要命，上次我听唐果讲飙车，就很有共鸣。"

明明有很多人聚在一起，可是我的心却很寂寞。

浩威旁边的阿勋，带点不可思议的语气感叹说："威哥这样说，让我很惊讶。自杀对我来说是无法想象的，因为我从来没有这样的想法，相当陌生。"

浩威很有兴趣地转身询问阿勋："你呢，你是怎样的？"

盘着腿的阿勋搔搔头说："硬要说寂寞，也不是那么深。平常跟朋友喝酒，喝到有点醉时，聊起心底的事，相知的感觉很快就跑出来了，觉得很契合。可是想再进一步深谈时，如果有人突然把话题转去谈生意或其他事，差了十万八千里，想跟对方分享的心情被打消了，可是情绪却停留在刚才那里，就会觉得很惋惜。"

"感觉被抛弃了？"浩威笑着问。

"想把那种美好的感觉再拉回来，可是又无能为力。明明有很多人聚在一起，可是我的心却很寂寞。"阿勋摸摸胸脯苦笑着说。

小倩反应极快地建议："他在暗示，下次桌上的茶应该换成酒才对。"大姐也接话建议阿勋："你可以自己带。"阿勋很兴奋，忙问："有人要分享吗？"这问句像是抛进沉寂湖底的鱼钩，沉默半晌，浩威回答："你可以带多一点。"

我想，和别人如此靠近，又能享受不必言语的自在，要么是具备了长久相处的默契，要么就是拥有无畏沉默的勇气。而且，有人流泪，坦然地表达情绪，更是让我有些不知所措。于是，我把自己偷偷挪出圈子外，逃避被包围的压力。

孤独久了，我很希望有个人做伴，就算不说话，陪我走路我都高兴。

半晌，上次在"恐惧"的主题中，分享了一个人独居，每到夜晚，总要彻夜开着收音机壮胆才能入眠的素素，无须以微醺衬底，就能继续寂寞的话题："我从初中毕业后，就一个人来到台北。念书时还有室友，毕业后单独住了五年。每天回来就把自己关在房间里，以前电话很多，不觉得无聊；可是电话少了以后，就有寂寞的感觉，什么事都不想做，那感觉很糟。持续了一段时间，当我知道有这个工作坊时，就马上打电话报名，希望自己能走出来。"

素素继续说："去年，我和好朋友去美国玩。我是第一次出国，但她不是。途中我一看到新奇的东西，就很想跟她说，可是她的反应很淡漠。后来我发现，她常会看着皮夹内男友的照片发呆。事后她说，不敢告诉我，是怕我笑她。当时我很惊讶，因为我没有那么深的情感体验，不知道恋人分离原来这么痛苦。自从知道她的秘密后，虽然我跟一群人一起旅行，却觉得很寂寞，因为没有人跟我分享心里的感觉。"

浩威开玩笑说："寂寞的旅行团？"

大部分时间都是一个人独处的素素，似乎不太能享受寂寞的滋味，言语之间流露出明显的寂寥。

削薄短发，嘟着线条明显的宽厚嘴唇，静静待在茶几边缘的阿妹接着说："我从小到大都没有离家独居的经历，总是受到父母的限制。家里曾经同时养过七只狗，都是我一个人照顾。一到假日，我的青春都浪费在这些狗身上，没有时间静下来处理自己的事。后来因为家里发生变故，心情不好搬出来住，我才享有单独的空间。我喜欢一个人静静地做自己的事，当然偶尔会有寂寞的感觉浮现，不知道自己在做什么，无事可做，也什么都不想做，躺在床上胡思乱想。走在街上，像个游魂似的晃荡。可是，我很喜欢那种感觉。"

坐在另一侧的素素，以过来人的经验，不以为然地说："你跟一大堆人住久了，搬出来当然高兴。可是时间一久，我想你也会跟我一样，孤独久了，也会怕以后不知道怎样跟别人相处。很希望有个人做伴，就算不说话，陪我走路我都高兴。"

阿妹陷入沉思，没有立即回应素素。停顿了一下，浩威接着说："我和素素的状况有点类似，有时候觉得需要某个人，不过偶尔也会像阿妹一样，觉得需要自己的空间。这两种感觉都会出现。我刚去花莲时，很怕自己会对孤独上瘾。那时候住的宿舍很大，一些要好的朋友都有钥匙，就算我在睡觉，他们也会自己开门进来。有时候觉得空间被入侵了，就会莫名其妙地发怒，突然发现自己对孤独无法自拔地沉溺，遗忘了该如何跟人家相处。吉吉，你好像一直都很享受跟家人住在一起呢？"

浩威转而把问题抛向吉吉——被浩威称为工作坊的成员里最幸福的人。

鸭子晚上都可以飞回家睡觉，我却没办法。想家也算寂寞吗？

吉吉回应浩威的点名，接着说起她的寂寞："是啊，后来我离家念书，妈妈每次送我去车站时，我就会觉得心里酸酸的。寂寞的感觉真的很少，我总是有人陪啊！到澳大利亚念书时，我跟弟弟住在一起。第一次上课，还是弟弟陪我到教室。弟弟一离开，我就开始害怕了，因为教室里都是我不认识的人。

"后来弟弟先回台湾，留下我形单影只。记得学校里有个池塘，里头养着几只鸭子，我就用很烂的英文跟同学讲：'你看，那鸭子晚上都可以飞回去睡觉，可是我都没办法。'后来他们看到鸭子都会笑我：'你看，鸭子都可以回去，可是你不行。'嗯，不知道想家是不是寂寞？"

"应该是吧！想到时都在电话那头痛哭了。"浩威笑着说。

"那是因为害怕。老师讲什么都听不懂，念不下去了。"吉吉带点撒娇的语气说。

"会不会是因为那寂寞太深了，所以后来都不敢想？连鸭子都能回家，而你却不能？"浩威再问。吉吉似乎还没深入地想过浩威的问题，因此只能茫然地摇头。坐在角落的阿勋不疾不徐地接着说："刚毕业那年，我进了一家大公司工作，级别最低，只能坐在角落里，等着别人叫我做事，偏偏一整天都没有人叫我，我只能傻乎乎地看着别人，一点儿也不敢动，不敢去倒茶，不敢去上厕所，不敢开口跟人家讲话。那时候是寂寞也是恐惧，所以想到'家'就觉得挺温暖的。现在我把家经营得像是最后的堡垒，所有的负面情绪回到家里都可以得到疏解。"

"这好像跟吉吉讲得很像——家是安全的堡垒。"浩威做了归纳。

那部电影像面镜子，借着镜面反射，我看到了心里最寂寞的地方。

"家是安全的堡垒？"半天没说话的阿正，语气中有些许质疑。"我很小就有寂寞感。有部电影叫《新难兄难弟》。电影里的主角回到过去跟他父亲做朋友，可是在我的成长过程中却缺少这一环。小时候跟别人打架，有人打输了就会说：'我回家叫我爸来。'可是我没有人可以叫啊！只好自己打下去，我不相信家是安全的堡垒。小时候，爸爸生病，妈妈外出工作，后来我又因为受伤，不能出去玩，常会觉得没人了解自己，挺自闭的。即使有人陪，我多半还是会觉得寂寞。记得有一次看了电影《日出时让悲伤终结》，那时我和很多人坐在客厅看，可是涌起无法与人分享的寂寞感。那片子就像面镜子，借着镜面的反射，我看到了心里最寂寞的地方，我彻夜失眠。我觉得那是没办法分享的东西，只有自己才知道。表面上虽然难过，实际上我又沉溺在那种寂寞里，当时我住的是顶楼，就想跳下去不知道会怎样？可是又担心，万一跳到一半不想跳了该怎么办？"

"看来想跳楼的不只是我！"浩威打趣说。今天晚上到目前为止，已经有三个人讲起曾有自杀的念头。阿正上回说过，父亲长期生病，母亲忙着养家，为了不增加妈妈的负担，他从小就得自食其力，社会经验丰富，也因此养成了成熟内敛的个性。他说："有件事我印象很深刻，小时候我没有零用钱，有一次好不容易拥有了，就很高兴。有天晚上肚子饿了睡不着，想去买个包子。我偷偷把门打开，蹑手蹑脚跑出去。那个卖包子的奶奶说，天气这么冷又那么晚还出来买包子，好像乞丐在跟人家要东西。我听了很难过，回家后就坐在床边哭，妈妈醒来问我发生了什么事？

听我说完她很生气，就带我去找卖包子的奶奶理论。卖包子的奶奶说，她不是说我，而是说自己那么冷还在卖包子，像是跟人家讨钱的乞丐。后来我想，自己怎么会那么敏感呢？可能心里原本就不舒服，那句话只不过是导火线罢了。"

"为什么怕人家说你是乞丐呢？"浩威问。

阿正顿了一下，困窘地说："小时候家里的经济状况不是很好，父亲没有工作，只靠母亲维持家计。小学一年级时，学校规定要穿黑色皮鞋去上学，回家跟妈妈说了，可是又没钱买，所以我妈就拿罐黑色墨汁，把我原本的紫红色皮鞋涂成黑色。唉，小时候真的不懂，为什么别人有自己却没有？"听到阿正的妈妈拿黑墨汁将鞋子涂黑时，大家都笑了，但是故事中有着浓浓的辛酸。所以让当年的那个孩子，牢记在心而成伤，以致成年后仍无法忘怀。

我在婚姻生活中很寂寞，常会莫名其妙地哭，可是他都不能理解。

"唉，"看起来纤细、敏感的小倩叹口气说，"外人不管怎么对你，伤害都有限。可是家里的人清楚你的弱点，就容易伤得深。刚结婚时，每到晚上十点，我就想应该回家了，因为在婚前，我常在下班后先到他家聊天、吃饭，晚上十点才回家。我无法适应自己已经改变的身份，不太熟悉的公婆，我要叫爸妈，感觉非常奇怪。我也不太了解他们的喜好、禁忌，跟他们没有共同的生活记忆，当他们全家兴致勃勃地谈起某个认识的人时，我却完全搞不清状况，觉得自己像个外人。"

小倩细声细气地说："结婚后第三天，是他们家 3 岁长孙的生日，恰巧是圣诞夜，全家人都得在家里陪他，不能出去。当他们想拍全家福时，很自然地，我就被叫出来按相机的快门。他们始终没有意识到，家里已经多了一个成员，我是那么自然地被排除在外。对于这个家，我完全不能按照自己的方式管理，必须遵循他们的生活方式。后来我解除寂寞的方式，就是不顾婆婆的反对，把婚前养的一只狗带到他们家去。我觉得再这样下去，自己会疯掉，原本应该是很快乐的婚姻生活啊！既然不能改变现状，就带一只狗来做伴。"

"你们怎么不搬出去住啊？"我忍不住插嘴问。小倩摇摇头，表示无可奈何，这其中或许有一长串故事可说，留待以后慢慢揭晓吧。大姐接话说："我在婚姻中也是非常寂寞，常常莫名其妙地哭泣。我很想要一个人喘口气，可是对方都不懂。他会奇怪我为何想要一个人？他曾经很生气地质问我：'你对我有什么不满意？'其实没什么不满意，我只想要一个人的空间，可是他不能理解。我比较相信'家庭会伤人'这句话。就算在外面碰到难事，我也不会跑回家寻求帮助，我会自己解决。"

是因为伤口太深了，所以选择遗忘吗？

到现在，寂寞的话题已经进行了两个多小时。浩威点名说："淑丽？"

无可奈何的我说："小时候，我有个很好很好的朋友，后来她要到台北念书时，我非常舍不得，可是没办法。我爸爸怕影响我念书，所以反对我们继续联络。她离开后，我一直没收到她的信。几个月后的一天，我竟然在爸爸的抽屉里发现好几封她写来的信，当时真的是非常难过。我非常想念她，但是爸爸不明白我们这份友谊。当时我还太小，没有能力反抗，所以觉得很灰心、很无助……"回忆让时空瞬间回到从前，勾起当时的绝望心情，怕自己情绪失控，一时哽咽语塞，我便让眼睛盯着天花板游移，想分散注意力。唉，真想夺门而出哪！

浩威轻声说："没关系。为什么寂寞那么难处理？似乎都会碰到很深的东西。刚才阿正说没有跟爸爸做朋友很遗憾。让我想到，我跟爸爸距离很遥远，不曾有过跟他做朋友的经历。自从爸爸去世后，我才发觉，对他的记忆有一大段空白，只停留在小学二年级。当时我跟哥哥在后院打棒球，妈妈跑过来，说爸爸出车祸了。我们到加护病房之后，看到爸爸整个脸肿了，呈现猪肝色。当时弟弟年纪还小，哭着夺门而出。而我就告诉自己，要镇定，要孝顺爸爸。后来那段记忆就断了，直接跳到爸爸送我去坐车到台北来念初中。爸爸过世后，有一次我跟妈妈聊天，我才了解，因为爸爸出车祸之后，脑部受到重伤，奇迹般活下来，但是整个人变得疑神疑鬼，脾气变得很不好，常在家里乱摔东西。可是这段记忆我却完全空白，我想可能是当时伤害很深，才会完全不记得。"

"你爸爸后来是怎么康复的？"小倩问。

"他就在家里慢慢调养，后来还是有后遗症，脚一跛一跛的。我从初中、高中到大学，都不让爸爸去学校，甚至到花莲工作，也都没有邀请他们去，因为我不知道怎么跟人家解释爸爸的脚是怎么回事。爸爸过世之后，我才开始慢慢分析跟爸爸的关系。"

"是因为伤口太深了，所以选择遗忘吗？"素素学着用浩威最常说的话，反过来分析。

浩威轻轻地叹口气说："伤得很深可是又无处逃。唉，没关系，以后慢慢再说。大家可以讲讲对今天讨论的内容的看法。吉吉，你要不要先说？你今天很少说话。"

自我分析是一种哲学，我一有想逃的念头，就告诉自己要赶快把那种感觉捕捉起来。

吉吉说："上次讲完'恐惧'之后，我回去就跟妈妈说，王医生说我是团体里最幸福的人。我觉得很有意思，以前也有个精神科医生说我是健康宝宝。我今天来参加团体，听到别人分享，就有点寂寞的感觉，勉强想说些什么，却又像是'为赋新辞强说愁'。我以前常想，为什么爸妈不离婚？这样我就可以找到难过的理由。我在想，你们为什么有这么多话题，而我只能坐在一边听？"

在父母的呵护下，吉吉像是被捧在手心里的花朵，未曾经历太多的波折，这样的人生，果真是幸福的吗？在温室中成长的吉吉和从小就独自外出打拼的阿正，似乎形成了强烈的对比。两个成长经历截然不同、互为对照般的人，竟然同时出现在这个工作坊中，后续如何发展，真是令人期待。

浩威把头转向晴子说："你呢？你今天讲的话我感受很深。"

"我还是不清楚团体要去往何处。觉得大家都不是很熟，可是就——"晴子声音有些颤抖，欲言又止。"交浅言深。"一旁的阿陌迅速接话。

浩威点点头说："如果你有这样的顾虑，随时可以丢给我。这个团体要走多远？我并不做预设。讲太多了，自己挖得太深时，我也会怕。不过因为长期的自我训练，让我觉得自我分析是一种生活哲学，所以我一有想逃的念头，就告诉自己那种感觉一定很好玩，要赶快捕捉起来。嗯，我好像有点自虐。要讲多少，我不勉强，自己能承受多少，可以自己决定。今天的感觉是好久没想的东西，怎么又跑了出来，很有意思，想花点耐心去反刍。真的很高兴参与这个团体。"

浩威做了个完美的结论，"寂寞"这个主题就暂告一段落了。我起身往外走时，浩威叫住我："如果要加入这个团体，就要坐进圈子里来。"唉，连我偷偷摸摸地挪出圈子外一点点，也逃不过"精神科医生"细腻敏感的观察。原来在团体里，王医生把一切都看在了眼里，只是不动声色。

今天谈"寂寞"，有很多的叹息，还有已经流下与尚未流下的眼泪，以及更多想自杀的慨叹。这就是"寂寞"吗？地下室的小房间里，成员们暖暖地交流着彼此的"寂寞"，而外头正下着冰冷的雨……

王浩威的情绪笔记

　　寂寞跟恐惧其实是相关的，所以在团体的讨论里，刻意把寂寞排在恐惧之后。恐惧是当下的，是亢奋的情绪反应，如果持续这样的状态，而没有回到熟悉的领域，慢慢适应过后，取而代之的情绪就是寂寞。

　　寂寞其实是很古老的记忆，是属于遥远的童年记忆。在我们幼年时，爸妈似乎永远在身旁，那时，甚至会以为爸妈是我们的一部分。后来发觉原来他们是"别人"而不是"我"，其实也是会消失不见的，恐惧带来的焦虑就会出现。就像我们出生时躺在婴儿车上哇哇大哭，通常啼哭两声妈妈就会赶紧过来。可是如果有一天，妈妈真的出去了，哭了很久很久都没人理睬，在恐惧过后，接受了分离的事实，寂寞的感觉就会涌现出来。或者等到我们要上幼儿园了，担心的事果然发生了，妈妈真的不能一直陪伴自己，分离的焦虑也会产生。

　　寂寞跟分离有关，也跟成长有关。一个人在成长的过程中如果缺乏寂寞的体验，其实是很不健康的。从另一方面来说，寂寞是必然会有的情绪，随时都可能会被勾引出来，比方说在情感上失去依靠，或者是处于饥寒交迫的境地，在遇到现实生活中一些大的困境时，都会让我们觉得寂寞。就像晴子在讲教学观摩时，她被孤立与被陷害的感觉；或者大姐在讲一个人过除夕，虽然后来知道那是因为她离婚的关系，可是在当时却已经能感受到团圆夜却孤独的寂寞了。

因为害怕被拒绝，害怕再次面临被抛弃的状态，所以宁愿先选择独处，而拒绝任何的接近。从这一角度来看，当抛弃的感觉来得太快或来得太早，常会造成往后亲密关系的困难。

不过，我们每个人在成长过程中或多或少会面对这样的难题，尤其是男性的成长，总被鼓励要独立、不能依赖。所以男性为了培养自己的男子气概，就索性要求自己不去依靠任何人。就像阿勋说的，他只有在喝酒时，寂寞的感觉才会跑出来，可是他平常就不太容易会有寂寞的感觉。这或许跟他后来讲的经历有关，他提到小时候跟祖父母一起长大，祖父母或许没办法提供给他情感上的满足，所以他已经习惯孤独地长大。这和晴子先前说的情况有点类似。

因为知道妈妈会离开，所以小孩子可能再也不敢黏着妈妈，也可能在妈妈回来后，又恢复依赖妈妈，却担心妈妈会再偷跑，变得更黏、更依赖。可是，就像晴子或阿勋讲的，我们经常是再也没有机会永远地黏住像爸妈这样可以抱我们、保护我们的对象了，被抛弃的时间越长，需要别人来照顾的心就封闭得越久，到最后就不容易再打开了。不容易打开的结果就是无所谓亲近也无所谓寂寞，当然也可以说他们丧失了亲密或寂寞的能力。

而吉吉的状况比较特殊，很少有寂寞的体验，身边一直都有人陪着，包括心理上也是有人陪伴呵护。我一直觉得她太幸福，也担心万一没有人陪的时候，她该怎么办，她有独处的能力吗？

另一方面，寂寞可能是"念天地之悠悠，独怆然而涕下"，天地之间你是被抛弃的唯一存在；也有可能是你处在拥挤的人群中，因为不被了解，所以也是孤独寂寞的。寂寞跟孤独其实很难区分，可是有时为了讨论上的方便，把"寂寞"定义成期待有归属或有欲求想去满足，而"孤独"强调的是无欲无求，是自在的，沉浸在自我的小天地里。

矛盾的是，我们虽然谈到寂寞的难受，可是我们又强调享受孤独，认为孤独可以让我们觉得自在。有时候我们觉得需要别人，有时候又希望自在。或者说，我们一方面需要别人，可是别人一出现的时候，我们又会对他的存在感到有所在乎。我们的一举一动都会在乎对方怎么想，尤其是新建立的亲密关系，像刚刚谈恋爱，还不到老夫老妻阶段的情侣们。

不过即使是老夫老妻，一个人独处的感觉跟伴侣在家的感觉还是不一样，就像是他人不在，我们还是会觉得他还在这里一样。其实读者不妨自问，敢不敢在自己的房间里裸体？或许连门都关起来，也确定没人看到，我们还是觉得不自在。所以，孤独就变成喘一口气的方法，想办法从令人窒息的人际关系中逃脱，也算是能量的补充。

 **情绪出路**

　　精神科兼小儿科医生唐纳德·温尼科特说过"敢在别人的怀里孤独"。如果我们在爱人怀里也能自在，整个人在自己最在乎的眼神凝视下还能融为一体，也就没有所谓的紧张，随时都可以自在地喘口气，也就不再有烦累的情形。

　　每个人都会寂寞，太晚产生寂寞或太早产生太长的寂寞，其实都是很可惜的。我们常会不自主地想逃避寂寞，为了逃避寂寞而找另一个人来陪。很多女性回顾自己的婚姻，经常是好不容易挣脱一个家，却又很快地结婚而投入另一个家；或者有的男人离婚后很快又结婚了。大部分的人对寂寞没有承受的能力，所以很容易逃到另一个依赖或亲密关系里，回避深沉的寂寞。

　　事实上，寂寞可以让人做出很多事后觉得不够理智的决定，后悔自己当时太过鲁莽或草率。如果害怕自己的寂寞，可能就要去凝视自己的寂寞，思考自己没办法忍受的究竟是什么？自己在乎的又是什么？如果找个人来陪，恢复到不寂寞的状态，究竟会获得更多，还是失去更多？或许当初是因为受不了窒息的感觉才决定离开，可是一离开又受不了寂寞，到底要选择窒息还是寂寞？凝视自己的寂寞，仔细思考自己的需要，别再受感觉控制。

延伸阅读

《孤独：回归自我》（2015），安东尼·斯托尔著，人民邮电出版社。

《一个孤独漫步者的遐想》（2013），让－雅克·卢梭著，江西人民出版社。

《孤独六讲》（2020），蒋勋著，江苏凤凰文艺出版社。

《孤独：一场哲学的交汇》（2010），菲利普·科克著，贵州人民出版社。

《爱与寂寞》（2010），克里希那穆提著，九州出版社。

第三课

嫉妒：绿眼睛的魔鬼

占有欲是无所不在的。热恋的情侣常有恨
不得吞掉对方的念头，巴不得与对方"融
为一体"。不过"融为一体"是不可能的，
所以第三者常因捕风捉影而产生。

人们都是因为什么样的原因而相识呢？工作坊的因缘又该如何解释？一群成长背景不一样的人，抱着不尽相同的期待，分享彼此的生命经历，目的是寻求认同，或者更深入地了解自己，抑或是请教王医生，来解开生命中的困惑？或许，每个人的想法也各不相同吧。

　　岁末天寒，第三次的聚会在过年前一周进行。一周聚会一次的工作坊，让我再度与其他成员见面时，还是感觉有些陌生。等进到活动室的小房间里，偎着昏黄的灯光，围坐在小茶几旁，断裂的熟悉感才能慢慢找回来。这样的认识不同于一般，在工作坊的情境下，彼此分享深刻的人生经历；聚谈结束后推开门，出了活动室，在亮晃晃的日光灯下，清楚看见对方的轮廓，脑中浮现先前的分享，不免有些许尴尬。

　　"王医生来了！"浩威一进来，大姐很热情地招呼他，"我前两天在报纸上看到了王医生的文章呢！""是啊，我也在电视上看到过王医生。"大家七嘴八舌地跟浩威寒暄，他也笑嘻嘻地回应。他说，每次聚会前都会先睡一觉，让自己精神好一点，才能专心聆听大家的分享。

"还少了谁吗？我们是不是要开始了！今天——"浩威没说完，阿正匆匆忙忙冲了进来，靠门边随意找了位置坐下。浩威接着说，"好啊！都到齐了。我们今天要谈的是'嫉妒'。嫉妒……""哇！"素素欢呼一声，大家纳闷地看向她，她得意地笑着说："被我猜到了！"素素开心的模样，就像百分之百命中了考题。

浩威继续说："讲到嫉妒，可能每个人的状况不太一样。不过，不可能有人天生就不嫉妒，顶多只是因为后天的修养，才能少了一些嫉妒……"

那次受伤很重，觉得自己存在的价值被否定了，真想去她家放火。

"我号称追过十二个星座的女生，可是只有两个是认真的。一个是现在的，一个是以前的女朋友。那次我失恋，是因为有第三者介入，所以被抛弃了。"难得浩威没说完，往常的沉默也没来得及出场，就有人开口分享了——是刚刚才到的阿正。"当时感觉到强烈的嫉妒，心好像被掏空了，什么都不想做，时时刻刻都在猜想他们正在做些什么，甚至还想报复。她家旁边就是炼油厂，我甚至还有过放火的念头。其实她跟我提分手之前，我已经有预感了。可是事情还没明朗化，两个人宁可摆荡在暧昧的情况下，大概也不知道怎么处理，好像也无力解决。

"两个人谈了很久还是无法挽回，就只能放弃了。不过麻烦的是，她有些东西寄放在我这儿，我请她来拿走。我跟她说：'你来拿东西时，最好选我不在的时间，反正你也有钥匙。'没想到我故意避开去上课，回来后她还没走，而且那个男人也来帮她，所以三个人就碰上了。我呢，就摸着鼻子，故作潇洒地靠在阳台上喝点小酒，那种感觉很难受啊！非常明显的嫉妒，后来实在受不了，就催他们赶快走。我住的地方在山坡上，可以看到下面的车子。他们走后，我就注意看他们的车是哪一辆。当时我的嫉妒感很强，如果有块大石头，我可能就会拿起来扔下去砸烂他们的车，不过那只是想想！"阿正说完嘴角下垂，做了个鬼脸，算是自我解嘲吧。

浩威兴味盎然地问："本来想问你一个问题……"

"你问吧！"阿正摆出轻松的姿态接招。

"那是你追过的第几个星座的女孩？你刚刚说，用情的只有两个，是因为这个女孩，所以你后来都不用情，还是……"

"不是因为她啦！我高中时就开始交女朋友，那时候不懂事，看到漂亮的就追，几近'花痴'。我跟刚才提到的那个女孩在一起大概两年，不过失恋时也挺惨的。在这个过程里，我知道了什么是爱。"

江湖历练丰富的阿正，总是一副潇洒、无所谓的模样。不过当他严肃地说出"我知道了什么是爱"时，一时间，真情流露。

"是不是因为以前都是你甩别人，所以比较无所谓，但这次不同？"浩威追问。

"以前我不会去甩别人，是交往久了，觉得那人很无趣就不去找她，久了就淡了。而那次经历受伤最深的，是觉得自己存在的价值被否定了，心里很空。隔了很久之后，我想通了，自己的存在价值何苦建立在别人身上。"

他们之间似乎很亲密，而我却完全不知道。脑袋"轰"的一声，像火山一样要爆发了！

"我想到我跟以前女朋友的关系。"短暂沉默后，坐在阿正身边，也是学哲学的唐果说话了。说话时，习惯蹙着眉头，像是同时在思考。瘦削的轮廓，细边的金属镜框，凌乱的头发，很哲学的模样。可是衣着又整整齐齐，衬衫工整地扎进牛仔裤里，很奇妙的对立感。他曾说，不喜欢被归类，仿佛从造型上就在宣示他的个性。

当我看着唐果胡思乱想时，他已侃侃而谈："女朋友对我很好，很尊重我，可是她觉得我不成熟，表现不好。我认为自己在各方面表现都不理想，不能像她那样活得那么自在，她每天的时程表都排得满满的，按表作息，但是我不行，我的生活一团乱。她跟班上同学的关系很好，常用身体去触碰别人，这让我很不舒服，我觉得自己的女朋友跟别人碰来碰去是件很奇怪的事。可是我不能跟她讲，因为这是'很——贱'的事，男人应该是慷慨的，我没办法跟她说：'你不要跟别的男人碰来碰去。'我常看她跟别的男生很开心地打电话，而且一打就是一两个小时，我就在旁边受苦，可是我什么都说不出口，只能闷着。"唐果比手画脚地说得精彩，众人也凝神倾听，不想错过任何片段。

"有一次我们出去喝咖啡，我一时情绪上来就板着脸。她不高兴地问我：'你究竟在想什么？'我说：'不好的事情，你不要知道。'她执意说：'我要知道。''那你不要生气。''好，我不生气。'我说：'我很嫉妒，每次看你拽班上男生的书包，我就很难受，我觉得你挺随便的。'才说到这里，她突然站起来说：'我们今天就讲到这里。'然后掉头就走。哦，我不能马上追出去，还得先买单。之后我追上去问她：'你不是说你不生气吗？'可是她边走边哭，根本不理我。

"这情形一再重复，我闷着，然后她逼我讲，我讲了，她接着生气，我们吵架。有一次闹得很严重，她打了我一巴掌，把日记丢到我脸上，因为我的反应伤害到了她，后来不舒服的感觉越累积越多，很难受，也伤害了彼此之间的感情。"

"那天她会那么生气，是因为你骂她'随便'吗？"我好奇地追问唐果。同为女生，我实在不高兴被人骂"随便"。

"'随便'是一个重点，我不应该说出那样的字眼。"唐果假装幽默地回应。

浩威问："我想，是不是潜意识想要她生气？"

"是啊！好不容易逮到机会了。"唐果点头，赞同浩威的说法，"后来，毕业旅行时我带她一起去，把她介绍给班上一个男同学认识。我觉得他们之间好像隐隐有什么，可是我不知道。坐游览车到半途，我正想问她要不要吃点东西时，却发现她正回头看那个男同学。顺着她的目光看过去，我看到那个男同学对着她举起手，伸出中指，然后……"唐果朝天比出中指，一时间成员们爆出哄堂大笑，打断了他的话，唐果也顺应听众需要，顺势搭配个无可奈何的表情。

"我女朋友一直笑一直笑。当时，我像被狠狠地敲了一棍。我觉得他会做这个动作，而她也意会了，表示他们应该很亲密，可是我完全不知道发生了什么事，只觉得脑袋'轰'的一声，好像火山要爆发了。那时候大家都很高兴地唱歌、喝酒，只有我快要爆炸了。"

"你有没有觉得自己的修养很好？"浩威顽皮地调侃他。

"哦，当时是有人提醒我，你怎么都不照顾你女朋友？我就在心里暗想，她已经有人照顾了，干吗还要我照顾？已经有点放弃的感觉，因为不知道怎么办，我觉得那个男生好像玩过、混过，比我有经验。我比不过他。"唐果说罢，长长地叹了口气。

我听得很入迷，急着问结局："后来你女朋友被他追走了吗？"

"他们结婚了。"唐果答得干脆。"啊，好惨！简直是太惨了！"唐果的遭遇，听得大家哀叹连连。

我对眼前的关系很困惑，不过宁可被抛弃，也不会主动提分手。

"唉，后来我那个女朋友也嫁人了！"阿正很兴奋，因为唐果与他"同是天涯沦落人"。"隔了一段时间后，我打电话给她，刚开始感觉她挺害怕的，因为不知道要跟我讲什么。后来，我们聊了很久，她很惊讶我改变了。当初被抛弃的感觉很不舒服，后来等感觉慢慢沉淀过后，我成长了很多。我甚至想带现任女朋友去参加她的婚礼，可是我女朋友骂我'神经病'。不过我觉得，她当初抛弃我是正确的，因为我们再继续下去也是'扯烂污'。"

"'扯烂污'是什么意思？"基于专业上的敏感，浩威常会抓住一些关键字追问。再挖掘下去就有宝藏了吗？我等着。

"这段感情生变之前，我常怀疑真要跟这个人生活一辈子吗？可是也还不至于要分手。我们的性格差很多，她很务实，我很理想化，做朋友也许可以，生活在一起就是'扯烂污'。"

可能男性处理情感的经历很类似，浩威接着说："我刚刚听阿正讲——对目前这段关系很困惑，觉得有点不适合，不过宁可被抛弃，也不会主动提分手。那时隐隐约约觉得有第三者，刚好那段时间我特别忙，后来果真有第三者，就陷入被抛弃的悲情中，可能男性的经历都是这样吧？"

"我不是那样。"唐果跳出来插话，"我是主动提出分手的。因为我看到那个男生写给她的信，我就想算了，放弃吧。我约她出来吃饭，跟她提出分手。她听了一直哭。我说：'你哭什么啊！

我都哭不出来了。'因为我已经哭得太久了。后来，我们就真的分手了。我嫉妒，整个人陷入疯狂之中。我常骑车去她家楼下等她。有一次碰到他们出来，我就瞪着他，把他吓一跳。还有一次，这是事后那个女孩告诉我的。她说，那个男生载着她等红绿灯时，碰巧看到我在前面，他突然来个大回转，往附近巷子里骑去，钻到死巷子才停下来。女孩问他：'你在干什么？'他说：'我也不知道。'我想他是被我吓到了。

"那个女孩偶尔会打电话来，跟我说他们俩相处的情形。我记得她很怕猫，怕毛类的东西。她曾跟我说，如果有猫跳到她身上，她会吓死。可是她跟我抱怨，那个男生很过分，为了治好她的'怕猫症'，趁她不注意时，竟用一张鹿皮盖在她身上，把她吓坏了。当时我心里嘀咕着：'你看吧，他对你这么坏！我都不会这样对你。'可是我没有讲。"

看唐果一脸阿Q似的得意，我忍不住要泼他冷水，便故意作弄他："也许那个女的想安慰你。""可能是安慰，可能是赎罪。"阿正补充说。大姐挑一挑眉，不以为然地说："天啊，好复杂！分手就分手，恩怨分明，干吗还要见面、联络？"

当她来信越来越少时，我写过去的信就越来越慌。如果当时影印下来，应是很好的情诗。

浩威说："最近医院要派我去国外开会，地点在美国五大湖区附近，于是我想到大学时代的女朋友好像也在那里。因为我念医学院，大五的时候，她就出国念书了。那时我想随缘吧，后来当她写来的信越来越少时，我写过去的信就越来越慌，里面应该有很多愤怒谴责的语句。唉，当时的影印技术不好，否则印下来应该是很好的情诗。"哈哈哈，威哥神来一笔的故作幽默，把大家都逗笑了。

"后来我想，算了，豁达一点。结果大六那年，是我在高雄最沮丧的一年。对社会失望，对社团的期待也幻灭，写作也觉得无聊，从当时算起到后来恢复写作，差不多有四五年的时间。那时候以为，信写完了这事也就过去了，应该不会嫉妒。可是那女孩的班上有两个人认识我，会跟我说她现在怎么样了，她交了一个很好的男朋友，刚拿到博士学位。我时常可以得知她的消息，后来我想，那是我不断暗示她同学说出来的，回去以后再自行勾勒出那个男生的形象。啊，原本以为已经忘了，可是就像这一次要去美国，我就会再想起来，以为自己修养很好，应该无所谓了，不过嫉妒还是会跑出来。"浩威坦诚地分享。

我问他："你们结婚概率有多大？"他写了一个"零"字。可是他们一毕业就结婚了。

大姐蜷着腿，双手环抱膝盖，慢条斯理地边想边说："刚才我想到一幕，就是《红玫瑰与白玫瑰》那部电影里，后来男主角娶了白玫瑰。戏要结束时，男主角在电车上遇到红玫瑰。就世俗的眼光来看，男主角从头到尾都很光鲜，红玫瑰反而比较落魄，因为原本的家庭还不错，却因为与男主角之间的婚外情落得两头空。男主角问她：'现在还好吗？'她说：'还好。反正日子还是要往前闯。碰到什么就是什么。'他不屑地挑衅说：'你会碰到什么？无非就是男人。'红玫瑰很自然地回答：'年轻时，长得好看，碰到的就都是男人。可是现在不只是男人了。'男主角说话时，我可以感觉出男人的嫉妒，后来红玫瑰反问男主角过得好不好，他本来想用三言两语交代他的幸福生活，可是却无法控制地哭了，而红玫瑰也不安慰他。

"我刚才听你们讲，我就想到初中时，有些女同学会收到学长的信，说要认干妹妹之类的；高中时，也会有同学收到情书。可是我都没碰到过，甚至到大学，连谈恋爱牵手的经历也没有……"

"啊！那我很好奇你是怎么结婚的？"素素惊讶地反问。大姐想也不想就回答："人家介绍说无不良嗜好、四肢健全，我就嫁了。""怎么可能会这么惨？"浩威话语中带着同情，又有反诘意味。

"他说我很凶，又很严肃，保守又矜持。唉，我很遗憾没好好交男朋友。"昏黄的灯光，映照着大姐清晰的轮廓，模糊的光影下有淡淡的落寞。

女性的经历也有雷同之处。外表充满阳光的晴子，无奈地接着说："我想我更惨，相亲几百次从来没成功过。还在念书时，我喜欢过一个眼睛大大的男生，可是他早被别人抢走了。可是我不在意，上课常坐在他旁边，还写纸条问他：'班上的女生你喜欢谁？'他列了十几个名字，我排在第二。他女朋友的名字还没有列在其中呢！有一次我还问：'你们结婚的概率有多大？'他写'零'。可是他们一毕业就结婚了。"

"我觉得你挺好玩的，会去问结婚概率。你是认真的还是开玩笑？"浩威追问。

晴子想了一下，说："我想应该有试探的意思。如果结婚概率低的话，我可以慢慢等。说嫉妒，当时感觉不深。可是有一次我看到他骑摩托车载着那个女生，她紧搂住他的腰，我就故意转过头去不想看。"

"明明感觉你嫉妒得暗潮汹涌，可是你却说不嫉妒。你为什么不大方地去嫉妒？你会想办法坐在他旁边，经营了这么久，喜欢的人被抢走了，为什么不嫉妒呢？"浩威故意撩拨晴子努力压抑的嫉妒。

"我嫉妒的方式就是不和他来往。"晴子赌气说。

"有没有想整他，或者做些小动作啊？"阿正嬉皮笑脸地问，类似的想法唐果也曾经提过。嗯，男性的报复心不容小觑啊！

"没有。"晴子很肯定地回答，"可能也是因为我没有很认定那个男生吧。"

"一定是你占有欲不强。"素素断言。

"不是。是因为我不确定要占有哪一个，我怕以后还会出现更好的。""哈哈哈……"大家被晴子的坦率逗笑了。

我太太突然跟我说："我爱上别人了，想跟你分手，你会怎么样？"

浩威用眼神瞄准阿勋："你都没讲呢，好像刚睡醒哦。"

"不是啦！"阿勋刚才没加入男性嫉妒经历的讨论，突然被浩威点名，急忙贡献他的经历。"有一天，不知道是闹着玩还是认真的，我太太突然跟我说：'我爱上别人了，想跟你分手，你会怎样？'当时我听了很震惊，不过我想可能是开玩笑的。

"可是有一次，有朋友到我家聊天，时间晚了，我送朋友出去。到巷口时，刚好看到我太太跟她同事在聊天，是个男的，还搂着她的肩。我很惊讶，也说不上嫉妒，事后我也没再问她。"

"你太太回家后，你都没有后续的动作吗？"素素急着追问。"难道你就装作跟平常一样？"我也忍不住抬高声调逼问。"对呀！"阿勋坦然点头。"好无聊哦！"我说。阿勋的修养未免太令人佩服。"那就跟唐果讲的一样，看自己的女朋友跟人家碰来碰去习惯了。我太太以前也会这样，跟同事拉拉手、碰碰肩，我想这都很平常嘛！"

"那是在公共场合，可是你讲的是在暗巷。"浩威不让阿勋过于乐观，挑明关键处一语道破。

"对啦！他们好像情侣在约会，看到我后那个男的吓一跳，就把手放下来了……"

"那不是就更……哈哈哈……"浩威放肆地笑着。

大家幸灾乐祸地哄堂大笑。夸张的笑声，让阿勋红了脸。曾经说过，"要把家布置得像最后的堡垒，所有的负面情绪都能在其中得到安慰"的阿勋，不放弃为妻子辩驳："我想，可能是因为那天年终聚会嘛，喝了点酒，讲话讲到激动，手就伸上来了。看到同事的丈夫来了，为了表示尊重，手当然就放下来了。总不能继续举着吧！"

阿勋讲得云淡风轻，仿佛是寻常小事，不足挂心。我们却像等着看好戏的小人。不过，我实在很纳闷，嫉妒与年龄成反比吗？阿正、唐果和威哥讲起往事妒意犹存，但是阿勋却有种波澜不惊的大气。

以前人家说，男人越老越俏，女人越老越不值钱，可是现在情况不同了。

"我觉得你在逃避问题。不管对方做了什么，你都会找理由来合理化。"喜欢帮大家分析的素素，提出父母的经历说，"我想到我爸妈。我妈自从做了心脏手术以后，整个人都开朗起来了，每天早上都去练气功，生活圈变得比较广。我爸自从退休以后，生活圈相对就变窄了，整天待在家里。我爸妈的个性非常不一样。我妈很外向，有一次我回家看我妈出去玩的照片，我爸就在一旁拿起其中一张照片挖苦说：'你看，他们俩像不像夫妻？'因为照片上有个男的搭着我妈的肩膀。我爸说话时，好像很开放。可是他有一次就跟我讲，如果有一天他得了不治之症，叫我们不要为他治疗。他想如果他走了，我妈还是可以活得很好。他也不是想寻死，只是对生活不抱希望。"

"看到照片还是会心酸一下。如果那时候你问他：'会不会嫉妒？'你爸一定跟阿勋一样说不会。"浩威糗着阿勋说，"我觉得男人面临那种状况，好像比女人更难处理。以前人家说，男人越老越俏，女人越老越不值钱。可是我现在看到好几对夫妻，他们的情况刚好相反。"

素素说："我记得曾经问过我爸：'妈常出去，难道你不担心吗？'我爸就说：'有什么好担心的，反正都老夫老妻了。'他好像很想得开，不像年轻人那么会嫉妒。"

我妈穿着有兔子花样的毛衣，是我爸送的。那个女人也穿着一样的衣服，后来我妈就把那些衣服都剪破了。

提到父母的感情，我也有类似的经历。"我妈对感情要求完美，偏偏我爸又是多情的人，让她受尽嫉妒的苦。我们家开店，有一次我爸的手被割伤了，有个女客人看到后，就拿创可贴帮我爸贴上，我爸很感动，两个人因此有了往来。我爸偶尔会借洽谈生意的名义到台北来，可能是和她约会吧。有一次我妈送午饭到店里去，那女人也在店里和我爸聊天，我妈那天穿着一件有兔子花样的毛衣，是我爸到台北买回去送她的。那个女人身上也穿着一模一样的毛衣，回家以后我妈就把那些衣服都剪破了。"

出卖妈妈的秘密，我有点良心不安："后来因为店里生意不好，我妈有一阵子出去做生意。她一直觉得我爸跟那女人还有联系，可是不想去证实，因为她怕整个家会因此毁掉。后来我爸突然生病过世，我妈常会无法控制地打电话给那个女人，一直响到有人接就挂掉。她也会要我们帮她打电话，探探那女人的口风。她想要知道，我爸爸最后有没有跟她说些什么？可是我们都不帮她打。我妈常会问我们：'你爸到底有没有爱过我？'后来我想到安慰她的说法。我说：'上次你跟男客人聊久一点，爸爸就骂你是长舌妇，表示他爱你才会吃醋呀。'我妈很吃这套，心情好了一些。所以我觉得，嫉妒或许可以证明爱的存在。"

浩威说："其实嫉妒不好吗？我觉得谈恋爱谈得越深刻，嫉妒就越多，轻描淡写的恋爱反而没什么嫉妒，不过嫉妒一向都被视为是负面的。"

大姐说："对啊，以前的女人要是很爱吃醋，会被休掉的。"

你习惯回避压力，让自己处于疏离状态，比方说谈恋爱会嫉妒，所以就选择不谈。

浩威特意点名吉吉问道："你讲的最少。"浩威的点名，强调了吉吉的疏离，但也同时提醒她——"我没有忽视你的存在"。备受父母呵护的吉吉，上回谈"寂寞"时，抱怨自己都没有寂寞经验可以分享。

"我不太会嫉妒，因为我一直很独立，什么事情都自己来，如果有人可以靠，我就会依赖他。很幸运的，经常有人可以让我依靠，会照顾我。可能也是因为我会去选择舒适的环境，如果环境不太舒服，我会赶快离开。我如果要什么，家里都会给我，我也没有太大的压力。上次跟大学同学聚会，我就特别感谢他们，让我在学校里感觉那么幸福。"

知道别人对自己好并非理所当然，而懂得感谢，这是参加工作坊后的收获吗？浩威说："你不会嫉妒，或许是你习惯回避压力，让自己处于疏离的状态。比方说，谈恋爱会嫉妒，所以选择不谈，让自己无须面对不舒服的情境。没关系，你可以再想一想。"又是没关系。嗯，浩威习惯抛出自己的观点，留待成员们再思索，这或许是借由旁人的提问，再深入探索自己的好方法。

"你说你一直很幸福，那你有被嫉妒的经历吗？"素素追问。

"我不是真的很幸福，我会把不舒服的经历忘掉，或者赶快逃开。我不觉得自己被人家嫉妒呢！因为我没什么好嫉妒的。"

"你会嫉妒长得很漂亮的女生吗？"换我上场了。

"会啊！我男朋友曾经喜欢我们班上长得漂亮的女同学，那是我故意介绍他们认识的。其实我也是有点自虐，我想比较看看嘛！"

"后来你男朋友跑掉了？"浩威问。

"没有，后来我问我男朋友，他说他们没什么。可是我不太相信啦！"吉吉苦笑。

"你是不是常在你男朋友面前问，那个女的是不是很漂亮？"我不死心地追问。

"不会啊！"吉吉泰然自若地回答。

"淑丽是在说她自己。"浩威揶揄地说。没错，王医生猜对了！

"从来没有男的敢在我面前说谁很漂亮。即使看见也要假装没看见，然后装傻问：'在哪里？'"大姐霸气十足地学着胆小男人四处张望的窘样，我可以了解那些男人为何要"装蒜"。

我嫉妒长得美的女生，却又忍不住想看，可是我还是要为自己辩驳："我看《射雕英雄传》时，金庸把黄蓉描写得像天仙一样。可是她只要听到有别的女生很漂亮，她就一定要去瞧瞧，做个比较。记得以前住宿舍时，有些女生很漂亮，人缘很好，半夜电话不断。每次三分钟一到，电话断线了，就再打再接，室友都睡着了，只好把电话拿到寝室外去打。其他寝室有人起来上厕所，看到了就会到处说，那个人就会变成那层楼的风云人物。那时候我只要听到人家骂她，就会说：'没办法呀，谁叫她长得那么漂亮。'假装很大方的样子。可是只要人家多骂她一下，我心里就觉得很高兴，用诋毁来减损她的美貌，让人不至于那么羡慕她。"

我觉得嫉妒的感觉挺不错的，期待自己再谈一场恋爱，激起我的嫉妒之心。

"唉，嫉妒真是复杂。"浩威摇头苦笑。

"嫉妒会让人变得很不理智。我想，今天的笑声，都是因为嫉妒会让你做出你平常不可能会去做的事。"素素严肃地归纳。

"英文里有句话说，'嫉妒是绿眼睛的魔鬼'。认为嫉妒是不好的。可是电影里常会把嫉妒当成爱的表征。嫉妒代表感情到了某个程度，不再只是喜欢，而是爱了。"今天说得很少很少的阿陌也做了结论。

浩威又去撩拨沉默了好一会儿的阿勋："你呢？"阿勋摇摇头，没多说些什么。可怜的阿勋，经过大家一整晚的煽风点火，回家后会跟太太追究一番吗？

"阿勋是不是觉得，嫉妒是年轻人的事，年纪大了就无所谓了。只有小女生才会去嫉妒谁比较漂亮？"总是热心帮别人解围的阿陌，体贴地帮阿勋找台阶下。

我说："我觉得嫉妒是比较容易面对的情绪。上次讲'寂寞'，很难说出口。这次讲'嫉妒'，好像可以当成笑话听，或许是情绪有层次还是……"

浩威接着说："我觉得'嫉妒'是一刹那的状况，所以比较容易谈。而'寂寞'却像瘟疫一样，而且是一个人承受。'嫉妒'起码是两个人，还可以找到代罪羔羊。其实嫉妒的感觉挺不错的，我期待自己再谈一场恋爱，激起我的嫉妒之心。"

"嗯，要过年了，祈祷今年想恋爱的人都能分配到足够的'醋量'。"今天没有分享太多经验，比吉吉更疏离的阿妹做了个可爱的结论。

王浩威的情绪笔记

　　嫉妒是中世纪神学家托马斯·阿奎纳提出的人性七宗罪之一，跟占有欲有关。我们因为害怕失去，所以一旦拥有了，就会更强烈地想占有。占有欲是亲密关系的本质。比方说，父母培养孩子，要孩子比自己更好，乍看是为了孩子好，实际上却是在要求孩子帮自己完成未完成的梦想。占有的欲望等于是把自我意识延伸到对方身上，表面上是为对方好，其实是想影响对方的自主意识。

　　占有欲无所不在。谈恋爱时，热情到极点时，恋人们常有恨不得要把对方吞掉的念头，虽然不可能真的吃掉对方，却觉得两人之间要有心电感应、能亦步亦趋。占有欲可能的强烈程度是巴不得吞掉对方的自我意识，这经常是我们不愿意承认的，而宁可说是"融为一体"，融为同一个意识，实际上却是融为我们所自以为的意识。然而问题来了，一对恋人是两个个体，两人之间出现意识不一致是理所当然的事。例如，两个人突然没了话题沉默下来，有人就会受不了沉默的压力，不断告诉对方"我正在想什么"，很焦虑地想跟对方坦白，唯恐对方以为自己有二心；另一种反应则是不断地问对方"你在想什么"，想要时时刻刻掌握对方的想法。这两种情况在热恋的情侣间是经常出现的。

我们理想中的亲密关系是"融为一体"的，但是融为一体在现实中并不可能，永远都存在着落差，这样的落差让自己怀疑对方的想法不是与自己同步，甚至推想到对方并不属于自己，所以才有人认为嫉妒是火，让我们焦躁，不知所措，就像团体训练里讲到的"嫉妒是绿眼睛的魔鬼"，让自己无法安静。最典型的例子就是莎士比亚的《奥赛罗》，只要奥赛罗的妻子做出他无法理解的行为，他就会以为妻子背叛了他。

嫉妒是恋爱中绝对需要的插曲，即使没有第三者存在也会有嫉妒。因为恋人们彼此间不可能总是一致，就算形影相随，对方的思绪偶尔飞开，你就会怀疑他是不是不高兴，开始担心无法全盘知道对方的想法。这般的疑虑跟嫉妒的本质相同，而第三者的存在也是因为捕风捉影而产生的。唯有失恋次数多了，占有欲望才会慢慢减少，也逐渐懂得尊重对方的自主权，因为越能明白百分之百融为一体是不可能的神话。

情绪出路

从道德上或从自我利益来说，每个人都知道嫉妒是不应该存在也是没有好处的。就因为如此，我们通常都不愿意承认自己的嫉妒。但是，不承认并不代表嫉妒不存在。嫉妒还是在生活里不断作用，只不过是转化成各种面貌而表现出来，影响着自己的心情和人际关系。嫉妒和羡慕不同，嫉妒包含影响别人意识和自主性的意图，不欢喜别人的成长和改变，希望对方一生一世都不要变动，这也是弗洛姆所谓的"恋尸癖"。他也相对地提出"爱生哲学"，即爱对方是活生生的，欢喜对方的成长和变化所带来的不可知。

嫉妒是恶的，毫无优点的；不过要做到不嫉妒，却又很困难。唯有"知足"才有可能改变。"知足"不是指僵硬、教条的规定，被奉为不知所以然的美德。所谓"知足"就是承认自己的欲望，检视自己欲望的来源。人是社会的动物，我们经常依据众人的价值观来行动，经常在众人的"标准"里感到匮乏，欲望也就产生了。有没有可能因为厘清别人发生的事在我们身上的影响，另外活出自我呢？当然这是很高的境界，并不容易做到。而且要做到这种程度，恐怕得先承认自己的嫉妒。唯有这样，一切破坏了自己的生活和人际关系的嫉妒情绪才有消失的一天。

第四课

背叛：永恒因死亡而存在

被背叛是生命必然的仪式。

我们可能会因为被背叛而失去彻底信任别人的天真，但也因此不再有与对方融为一体的念头，此时的自我，更像为自己而活的自我。

情人节前夕，工作坊的伙伴在年后首度聚会。寒冷的夜晚，招牌林立的罗斯福路，往来的车辆如车水马龙般，丝毫不因天气寒冷而萧瑟。我拿着录音机进活动室时，已经将近七点。一推开小房间的门，食物的香气扑鼻而来，房间里笑语不断，非常热闹。看样子，大家并没有因为假期中断聚会而显得疏远。小茶几旁已经围坐着好几个人，边聊天边吃着桌上的点心。

浩威笑呵呵地进来，看起来精神不错。吉吉随后拎着一个纸盒走进来，环顾四周，只剩浩威身旁有位置了，她似乎有些不安，短暂犹豫后，还是笑着坐下来。迟疑了一下，她怯怯地把桌面清出一块空位，放上她带来的纸盒。

"是什么啊？"好奇的晴子问。打开纸盒后，吉吉开心地炫耀，这是她弟弟做的手工巧克力，每颗的口味和造型都不相同。介绍过巧克力，算是暖身完毕，浩威接着宣布，今天谈的是"背叛"，"情人节嘛，谈'背叛'是很应景的主题"。

太太说，以后晚上不能在家了，要去跟苦苓睡觉，还要照顾他们的女儿。

灯光瞬间暗下来，宣告正式进入分享时刻。我觉得有点压力，"背叛"似乎是个有点难的题目。脑海中胡乱搜罗和背叛有关的经历时，坐在立灯下的阿勋看着浩威说："前几天我做了一个梦，梦见我太太和苦苓生下一个女儿……"

"哇！为什么是苦苓？"众人哗然。阿勋暂时打住，故弄玄虚地笑着，等候我们的惊讶过境。

"为什么是苦苓？等下再说。我太太跟我说，她以后晚上不能在家了，她要去跟苦苓睡觉，而且还要照顾他们的女儿。我听了就有种被背叛的感觉，气愤、无力感，好像无法挽回了。我已经好几年没有这么强烈的嫉妒、被背叛的感觉了。"

"你是被告知的吗？还是……"浩威追问。"哦不，是我自己发现的！"阿勋讲得云淡风轻。浩威笑着说："有没有想过泼硫酸？"

阿勋摇摇头。平常的他总是一派悠闲，潇洒得很，一开口就是无欲无求的名言哲思，感觉修为极深，不料潜意识的担心却在梦中出现，是我们上回谈"嫉妒"时撩拨得太厉害吗？产生了让他忧虑的后遗症。

"醒来以后，我也苦思为什么是苦苓？后来我想，那天晚上临睡前，我在喝酒、抽烟，我太太说半夜还在喝酒、抽烟，当心身体弄坏了。我说：'有什么关系，弄坏了，你会照顾我。'她说：

'很抱歉，这个不在此限。因为熬夜、喝酒、抽烟弄坏身体，恕不照顾。'我听了有点难受，我对她说的'有条件式的照顾'，有被背叛的感觉。至于为什么是苦苓？苦苓是作家嘛，印象中他不抽烟、不喝酒，是个新好男人，我太太应该会喜欢。"

"你有告诉你太太做了这个梦吗？"我问。"有啊！她第一句话也问，为什么是苦苓？"阿勋真是修养到家，众人笑不可抑，纷纷开起玩笑作弄他，他还能不疾不徐地把梦说完。他给了个轻松的开头后，大家又沉默下来了。背叛或许太深太难，先前仍是说笑的心情，要陡然沉重有些尴尬，一时之间大家都静默无语。

祖母做好菜之后，祖父会去评量分量，看有没有拿去给男友吃。

僵持了一下，大姐率先打破沉默："我祖父是个很温和的人，可是后来不知怎么变得很多疑，老是怀疑我祖母有男朋友，可是祖母都已经 60 多岁了。我还记得经常是祖父去买菜，可是祖母做好菜之后，他会去评量分量，看有没有拿去给男友吃，尤其像鸡腿那种比较贵的菜。有时候祖父实在是太无理取闹了，闹得不可收拾，祖母被气到摔椅子。我觉得祖母好强悍哦！后来祖母去算命。算命先生说祖父一定要这样改变个性，性命才保得下来。祖母听了，算是得到缓解，原谅他一天到晚胡闹。后来的岁月就这样过着，结果我祖父先走了，15 年以后祖母也过世了。"

大姐的轮廓分明，眼神锐利，像能把人看透。但是当她说故事时，表情自然生动起来，伴着豪爽的笑声，稍微可亲。浩威问她："你自己有这样的经历吗？"她侧着头想一想说："或许有吧！但也可能因为那经历实在太不愉快，所以刻意遗忘了。"大姐有诸多顾虑，因此暂时打住。

我爸现在常接到白帖子。我想，他害怕比我妈早死去，所以不愿意看到她快乐。

纤细的小倩，不说话时有种冰冷的气质。年轻美丽的脸庞散发出自信，大姐常称赞小倩漂亮。或许是从小倩身上，捕捉到了自己过去的神韵吧！小倩说："我妈从结婚以后就是个家庭主妇，每天都待在家。直到五六年前，她进社会补习学校念书，跟同学相处得很愉快，同学也常找她出去参加活动。以前我们出门都不必带钥匙，因为任何时候她都在家，可是自从她去念书后，就经常发生晚饭做晚了，或者来不及回家的情况。

"子女都鼓励她出去，可是我爸很不适应。我父母年纪相差很大，我父亲今年70岁，我妈只有50岁，所以他开始怀疑我妈有外遇。有几次他打电话回来，我妈没接到，我爸的怀疑就更深了，有时候去上班还会突然坐出租车回来，看我妈在不在家，甚至还会找人做电话录音。我们跟他说没这回事，非但没有降低他的疑心，反而让他觉得家人都不帮他。最严重的时候，他还买了一把菜刀，每天晚上在家里磨刀，逼得找妈跑到我们的房间来睡觉。我们试过很多种方法，比方说带他出去玩，都没有用。

"后来情况缓和了一点，他不准我妈出去买菜，换他去买，我妈每天只要打电话到我爸工作的地方，告诉他要买什么菜就可以了。虽然我妈省得去买菜，可是也表示我妈被限制了行动的自由。她要去看病或去哪里，都要有子女陪着去，我爸才不会闹。"

说着说着，小倩不好意思地叹口气说："唉，反正就是很像电视剧的情节啦！"从她无奈的语气中，可以感觉他们家尚处于暴风雨当中。"你爸跟子女的关系怎样？""你爸退休了吗？""你爸真的没有朋友吗？""如果有同辈朋友的建议或许会好一点。"成员们你一言我一语地帮忙献策。先前大家常会等待王医生的观点和提问，现在彼此更熟了，已经会有自发性的反问和建议。

"在他针对我妈之前，其实已经有迹可循了。他会跟身边的朋友吵架，朋友因此都慢慢离开了他，他变成了孤单的老人。我爸的口才很好，每次一吵架，可以讲得像全世界的人都对不起他似的。我结婚时，他竟然不让我妈参加，他说她不是我们家里的人。

"我在想，我爸的恐惧感是怎么来的？是不是害怕比我妈早死去。他现在接到的都是白帖子（死者的丧讯），他不愿看到我妈快乐，所以会故意闹事。经历过这件事，我觉得背叛是很恐怖的，会使得家庭破裂，以悲剧收场。"小倩说完，情绪还是有些激动，声音轻轻颤抖着。

年轻时，常是男人背叛女人；年纪大了后，反而常是女人背叛男人。

大姐也搭腔说："我也想到我大姑妈和大姑父，以前我们很羡慕他们的，可是现在他们也好不到哪儿去。大姑父长得很好看，可是现在被大姑妈折磨得要死，我们看了都很心疼，因为大姑妈怀疑他出轨。他们在精神上根本没有共通的地方。姑父会画山水，会篆刻，大姑妈却连小学都没毕业。小孩都大了，姑父有自己消遣的方式，姑妈却成天盯着他，叫她去跳土风舞或参加其他活动，她都不去。姑父喜欢打打麻将，如果同桌有女的，姑妈就会起疑心。有女弟子来找姑父学画，姑妈也会把人家列入黑名单，现在闹到夫妻俩都不讲话。姑妈掌控姑父所有的钱，姑父现在也老了，就靠教学生画画赚一些钱，靠那些钱来生活。"

浩威说："年轻时，常是男人背叛女人；年纪大了以后，反而常是女人背叛男人。小倩爸爸的情况，好像养了一只很乖很顾家的狗，都不会出门。突然有一天，狗长大了，认得路了，知道要跑出去了，主人就感觉好像被背叛了一样。咦，你是翅膀硬了吗？"浩威想起什么，又盯上了阿勋。

"嗯哼？"阿勋的反应，像是没什么可以分享。浩威不死心，再逼问："真的没有被背叛的经历吗？"阿勋搔搔头，投降了："哦，想到了，我以前养过一只猫，尽量不让它出去，因为外面野猫多，不干净。它每次想出去时，我们就跟它玩心理战。只要它一踏出家门，我们就'哇哇'大叫吓它。制约反应嘛，所以它长到很大都还不敢出去，可是到了发春期，它终于跑了，我就有被背叛的感觉。"

阿勋聊起猫咪的背叛问题，似乎无法满足浩威。"善解人意"的阿勋只好继续在脑海中翻箱倒柜，寻找题材。停顿半晌，阿勋又说："不知道这算不算背叛？祖母跟我的感情很好，小时候我跟她住一起，是她养大的。可能是她找算命先生算过，一直告诉我：'你长大后绝对不能娶属牛的，也不能差 6 岁。'我当时不懂事，也就答应了。可是后来，我太太就是属牛的，而且跟我差 6 岁。祖母知道后非常难过，因为我答应过她，后来却背叛了她。"原来是小阿勋跟祖母约好的，可是大阿勋违约了。浩威暂且不再逼问他了，这个苦苦相逼的过程，竟也耗去了将近一个小时。阿勋所经历过的背叛，似乎都没有想象中难熬，这是种"幸运"吗？

有背叛的感觉其实很幸福，前提是因为有亲密关系。

被背叛的痛苦，经历过的人应该都余悸犹存，甚至不想再回首凝视。可是浩威以略带遗憾的口吻说："我刚才在想，背叛应该跟亲密有关。其实有背叛的感觉很幸福，前提是因为有亲密关系。"浩威这样的说法，跟上一回谈"嫉妒"的心情很接近。为什么别人觉得像瘟疫一般，避之唯恐不及的负面感受，浩威都能以正面的方式解读，并且庆幸其存在？

"对我来说，有好几次的分手，是因为被对方抛弃了。可是仔细想想，其实是自己耍了小小的手段，让对方觉得不舒服，然后先提分手。当时觉得自己好像被背叛了，像个悲情的男子，后来想想是自己背叛了别人。只有初恋时，觉得自己是被背叛了。

"我大五时，那女孩就毕业出国了，当时想，如果你有好的对象就去吧！可是对方真的走了，又会很嫉妒，整个大学生活就陷入混乱。不过，那种感觉其实挺好的，是真的爱过，想要占有。亲密关系中没有背叛、想占有的感觉，虽然号称是夫妻或男女朋友，却好像太有礼貌了。只要真的想占有，嫉妒、背叛的感觉就会跑出来。我想，或许因为小时候生病、住院，后来又转学，很害怕被抛弃的感觉，没办法很潇洒地想爱就去爱。"浩威越说声音越低，到最后语调都模糊了。嗯，这个女主角在浩威分享"寂寞"时曾经出现过，此刻又被提及。

不过听起来也有些哀伤，因为害怕对方抛弃自己，自己索性先抛弃对方，断绝亲密关系。一再重复后，发觉自己对于亲密关系的建立与维持再也无能为力，因此对于能够证明亲密关系存在的"背叛"也感到羡慕。唉，更悲伤的是，这是精神科医生的悲伤。成员们只能同情地望着王医生，不再有那种肆无忌惮、七嘴八舌丢出建议的热情。

我碰到朋友的先生带着女朋友，我一直想要不要过去打招呼？万一打了招呼，回去要不要告密？

"吉吉？"浩威继阿勋后二度点名。吉吉笑而不语。"嗯？"浩威再以眼神催促。见吉吉犹豫着不说话，浩威自顾自地继续说：

"我们念大学时，社团或同班的死党慢慢都交了女朋友。平常社团活动说好要来的，却都没来，于是我们就会骂，而且是很生气地骂：'怎么可以见色忘友！'"

"这个我们都可以原谅的。"阿正用义气十足的口吻说。

浩威苦笑着说："不过那时候我在高雄念书，曾经有同学站在月台上，送前一个女朋友上车，然后等下一个女朋友来，反正站在月台上就好了。我们看到了也会想，'咦？这个女朋友跟早上那个不一样'。"

小倩幽默地插嘴说："业绩做得不错。"

这句话把大家都逗笑了。浩威摩挲着下巴，也笑着说："我们想，他寂寞这么久了，有女孩子来看他，很为他高兴，也会很努力地配合演出。这是同性团体间的归属感吧！这种感觉男性好像比女性强烈。可是等女性年纪大了，同性的情谊建立后，好像也会帮忙隐瞒。"

"是啊！男性文化跟女性文化真的差很多。"小倩看着浩威接话说，"我先生有四个拜把兄弟，他们五个人从幼儿园就在一起，经历过很多事，感情很好。可是这种拜把兄弟文化让我觉得很不可思议。他们之中有一个人是花花公子。这花花公子常常换女朋友，但女朋友之间的交接不很干净，常会发生这个女朋友还在家里，另外一个又来了。这种事一发生，他就会找他的拜把兄弟来解围。比方说情人节当天，他先去赴某个女孩的约会，然后再找他的兄弟出马摆平其他的约会。

"有时候他刚交一个新女友，就会带那个女孩来参加我们的聚会，他的兄弟都会尽力帮他隐瞒花花公子的行径。后来我参与其中时，就很想当面戳穿他。"小倩动动食指，像是想把这不义的"共犯结构"戳穿他。浩威方才讲的是纯粹的同性共谋，可是小倩不幸身为这同性联盟里的"唯一异性"，所以挣扎就大了。

大姐环顾四周，见无人继续发言，便开口说："去年年底，我碰到朋友的先生带着个女朋友，跟我坐同一班飞机出国。我想办法躲避，想说万一碰上了要不要打招呼？如果打了招呼，回去要不要告密？这个问题，我和朋友也曾经讨论过，如果知道朋友的先生有外遇，要不要告诉她？另外，从太太的角度看，如果你的朋友知道了，你会不会希望她告诉你？

"有些朋友觉得，'不要告诉我，我不知道就算了'。有些朋友却认为，'要告诉我，如果我后来发现你知道了，却没有告诉我，我会很生气，并且跟你绝交'。可是随着年龄增长，我会选择不讲。"

我临时起意想试探他，也有点欲擒故纵的意思，看看他是不是真的喜欢我。

浩威又转向身旁的吉吉问："你有没有被背叛的经历？"工作坊进行不久吉吉就被点名了，刚才她还犹豫着，迟疑着，无法开口，现在似乎已经有了心理准备。

吉吉说："其实我有过很痛苦很痛苦的经历。那时候，白天我都假装很快乐，晚上就哭得心都揪在一起。因为我怀疑男朋友跟别的女孩有关系，他一直说没有，可是我不相信。"

"为什么？"素素追问。

"那个男孩子追我的时候，我原本不想接受，因为我想我爸爸不会喜欢他。可是在一起久了，也习惯了。有一次他跟我说起班上的一个女生，我起疑想试探他，看看他是不是真的喜欢我。后来我听同学说，那个女孩常到我男朋友住的那栋楼去。我就问他：'是不是来找你？'我男朋友说不是。我跟他说：'你老实讲，没关系。'他还是说没有。毕业之后，我追问他：'你们感情好到什么地步？'他才说：'没什么，只是牵牵手。'我听了都快疯掉了。"

上回谈"嫉妒"时，吉吉轻描淡写地说，丝毫不嫉妒男友夸赞别的女人貌美，但是深入探索，内心是百转千回、暗潮汹涌的。不过吉吉不忘补充说明："他一直跟我说他跟那个女孩没什么，只是那个女孩对他印象很好。"常被浩威点名的吉吉，说起幸福总是排第一名，常感叹自己没有太多不幸的故事可以分享，但是这个背叛之痛，发生在幸福的温室里，对照之下，感受应该特别深刻。

这次谈的背叛或被背叛，故事很长，情绪很浓，被背叛的感觉却出不来。

虽然在情人节里谈背叛，但气氛并不感伤。背叛很好笑吗？为何过程中笑声不断？浩威说："我本来还担心讲得太深，可是大家好像很巧妙地回避了。是不是我们可以在被背叛的过程中看到自己的丑恶，所以就不想讲？"浩威环顾一下大家继续说，"今天讲的背叛或被背叛，好像要讲很久才能把背叛的故事讲完。可是讲出来以后，情绪很浓，被背叛的感觉却出不来。我本来预设，背叛应该是出现在很亲近的爱情里，不过似乎没被谈出来。我刚才在想，传统上认为女性是弱者，可是大姐说到姑父与姑妈之间的互动，姑父的条件好得太多，可是他为什么竟然枯萎了，姑妈却依然旺盛？"浩威转向大姐，不像在寻求解答，倒像在布置另一个作业，让成员们再思考。回顾今晚，大姐欲言又止，是因为对成员还不够熟悉，因此有所顾虑吗？或者是心理上还没准备好呢？接下来的聚谈，她可能敞开心扉分享更多的故事吗？

今天谈"背叛"，预期的刻骨铭心或者惊心动魄的故事都没有出现。为什么会如此呢？果真如浩威所说，大家太害怕看见自己的丑恶，于是都巧妙地回避了吗？或者是，背叛真是难以凝视，还是这是一种不堪回首的负面情绪呢？因此大家选择刻意遗忘，不再提起。不曾被背叛、一帆风顺的人生，果真是"幸运"的吗？经过这一晚，我心里也留下了许多疑惑。

背叛隐含很深的伤口，一辈子应该不会发生太多次。背叛的前提是我们认为可以和对方永远在一起，甚至占有对方。在"嫉妒"那部分曾经提过，因为无所不在的占有欲，所以即使没有第三者存在，嫉妒也会发生，而背叛则是这个想象中的第三者彻彻底底地被证实了。

会嫉妒或想占有，是表示自己看重这个关系。通常这个关系可以让我们有重回婴儿时期的感觉。在婴儿时期还没认识这个世界时，以为自己独占一片天地，觉得自己是这片天地的主宰，我们能掌握一切，包括占有妈妈。可是，随着慢慢成长，这些想法会逐渐幻灭。一切幻灭成为生命中永远的遗憾，所以我们很自然地会想追求亲密关系，就如同孩童时期跟妈妈亲近到可以充分掌握的关系。

这成为一种期待，就像对高中或大学时的好友或是对初恋的期待。我们希望跟他们保持亲密的关系，就像青少年的死党们会有明显的统一符号：一式的穿着打扮，一样的讲话风格，标榜相同的嗜好，等等。或者初恋时情侣会穿情侣装一样，都是类似的期待——我们希望能重新拥有自己的小天地。

原以为自己真能拥有这样的小天地，但事实上是不可能的。对方是活生生会长大、变动的，当然也会有新的想法，那时差异性就会产生，小天地的一致性也就被破坏了。于是嫉妒产生了，背叛也就出现了。想再回到梦境般的甜美关系，再也不可能，这等于是长大后再次遭遇幻灭，而且是来得很深很痛的幻灭，让人从此再也不敢有这样的期待。第一次伤害最深，这也解释了为什么第一次失恋是最痛苦的。

我们在童年时期失去时也许伤心，却是容易恢复的，因为以为可以再要回来。长大以后，第一次被背叛真的是太痛了。不过，再被背叛的情形就会少了，因为我们伴着伤口再次成长。往好处想，我们是经由背叛而学会了尊重对方的自我意识，愿意接受对方的自我，不再要求完全的一致；而往坏处想，则是我们已经被伤害过，不敢再有建立小天地的梦想了。

对大部分人来说，被背叛一两次就够了，就像团体中的大姐讲的，那经历太不愉快，所以刻意遗忘了。不过真的能遗忘的，其实不多，一提起来，伤口又痛了，也就不想再讲了。就像在团体里，大家都只谈自己所看到的别人的背叛经历，而不谈自己所遭遇到的，因为谈自己的实在太痛了。

不过，即使是别人的被背叛经历，对我们还是有很深的影响。看到在一起多年的情侣或是夫妻，原本以为他们真的是海誓山盟，可以不必担心被背叛的问题，可是一旦听说他们的分离，似乎再度证明被背叛是每个人的宿命，对人的不信任感重新被挑起。这等于是通过别人再告诉自己一次，所谓的天长地久其实是不存在的。

情绪出路

被背叛其实是生命的必然仪式。除非是早夭的爱情才能逃过这种经历，就像莎士比亚笔下的《罗密欧与朱丽叶》，或者电影《泰坦尼克号》中的杰克和露丝，在爱情还没来得及产生变化前主角就已死去，永恒才能因为死亡而继续存在。亲密关系的变化是必然的，要假装变化不存在，其实也只是在累积彼此的痛苦。可是如果没办法处理这种变化，就会面临背叛的问题。同样地，也只有去处理背叛，才可能从"融为一体"的致命要求，变成两人共同经营的关系。而经过这个背叛的关卡，生命才会进入新的阶段：虽然失去了彻底信任别人的天真，可是再也不会像过去那样，想强烈占有对方或要求两人百分之百地融为一体，这时候的自我反而更像是为自己而活的自我。

没有人在生命中会"经常"被背叛的，通常只被背叛过一两次而已。因为太痛了，所以也就成长了，不再有虚幻的期待。如果一个人经常被背叛，可能是自己的戏剧性人格，或者是童年时期缺乏关爱，导致自己对情感的要求很强烈，不断渴求更多的爱，所以才会有重复性的被背叛。通常，如果有这样的情形，可能需要参加相关的成长工作坊或心理治疗，做更进一步的自我探索，才能改写这样的人生剧本，不再重复同样的悲剧。

延伸阅读

《外遇：可宽恕的罪》（2011），邦妮·韦伊著，凤凰出版社。

《六个道德故事》（2020），埃里克·侯麦著，北京联合出版有限公司。

第五课

愤怒：抑郁的白雪公主

一再压抑愤怒，愤怒并不会消失。

所谓"白雪公主症候群"，指的就是不敢生气或没有能力生气，缺乏要求别人的能力，也不敢说出自己真正的想法。这反而比真正的愤怒还悲惨。

工作坊进行至今，已经第五次了。随着成员们渐渐熟稔，彼此能分享的东西也越来越深刻，我也稍微自在些了。我会用许多小动作掩饰自己的不安（许多人应该也是如此吧），但是这些细节都逃不过成员们的"法眼"。素素说我讲话时小动作特别多，而且眼睛都盯着天花板不敢注视别人；不过唐果觉得我已经有些改善，视线高度已降到书柜上，离大家的头顶只有些微距离了（唐果帮忙解围之际，还不忘揶揄我啊！果然把众人都逗笑了）。但是，这也代表我已经能敞开心房分享自己的故事，其他成员也有如此感受吗？

　　小倩一进门，刚坐下来就说："我猜今天会讲'愤怒'，因为我昨天在梦中把愤怒的过程演练了一遍。"

　　素素急忙确认："真的吗？"我耸耸肩，不可以泄题哦。而且王医生或许会福至心灵、天外飞来一笔，不到最后一刻，谜题是不会揭晓的。不过，大家真是认真的，在每次的工作坊进行前，还会预先猜题和预习呢!

刚要讨论王医生会不会迟到，浩威已经拎着手提包慢条斯理地走进来，好奇地问大家在讨论些什么，为何如此热络？阿陌兴奋地回答："我们在猜题啦!""你们猜什么?"浩威问。"愤怒啊!小倩说她梦见要谈'愤怒'。""好啊，那就谈'愤怒'! 你可以让梦继续……"随性的浩威，顺势揭晓了本次工作坊的主题——愤怒。

为什么不敢愤怒? 我想是我罹患"白雪公主症候群"，希望自己人见人爱。

小倩很不好意思，咕哝着说："我只是梦见，今天真的要谈'愤怒'吗? 其实也不是梦的继续，就只是一个动作，我在梦中用力抓住她的肩膀猛摇，口才比现在好，说了一堆控诉的话，还边掉眼泪边说：'你怎么可以这样对我? 你怎么可以这样对我?'我很诧异，我从小到大骂人从来没这么流利过，醒来之后我自己也吓了一跳。"

总是一袭剪裁利落的套装、举止优雅干练的小倩，连讲起"愤怒"也是条理分明、语气平和，丝毫嗅不出"怒意"。唐果探头问她："你平常跟她交情怎样?"

"我算是她的老板，却要常常看她的脸色，因为她很早就在社会上混，工作表现和能力都不错，可是我见她聪明又难以驾驭，总会出一些状况考验公司对她的忍耐度，测试自己的重要性。

平常我总是压抑怒气，但是昨天晚上突然梦见她了。我碰到她的场景是在一间教室，我冲过去，猛摇她的肩膀，哭着对她说：'你怎么可以这样对我？'"

小倩微微一笑。嗯，她的外形和气质充分展现了她的压抑和绝不歇斯底里的个性，连讲"愤怒"都讲得那么温柔、有风度。停顿一下，她继续说："有一天我把车子停在社区的停车场，上楼去拿个东西，不到 20 分钟的时间，一下来就发现车窗全被人敲破了，大概是用扳手之类的工具。那已经不是第一次了，我非常非常生气，想不出到底谁会这样对我。以前也遇到轮胎被刺破的情形。这次车窗全毁了。我真的气坏了！我当时觉得既愤怒又害怕，不知道那人是随机这样做呢，还是对我有宿怨。我很生气地跑上楼，脚都在发抖。后来听我爸形容，那时我的脸是铁青色的，气得浑身发抖，停不下来。"

这次总算感受到小倩的怒意了。说话时，她的肩膀还随着急促的呼吸起伏。

"后来愤怒会平息下来，是因为我爸说了一句话。他说：'钱能解决的问题都是小问题。'我听了觉得很有道理，情绪上就好了些。那是我从小到大'第——一——次'，觉得有一把无名火在燃烧。"

"从小到大第一次！"小倩一字一句、字斟句酌地强调着。

浩威没放过小倩强调的"第一次"，接着反问道："为什么要强调是第一次？难道以前都不敢愤怒？"

"我不喜欢看起来很失控的样子。只要旁边有人在，我就会压抑愤怒，用尽各种方法，不让它表现出来，直到只有我一个人时，才会把愤怒宣泄出来。因为我认为愤怒是很可怕的，不应该表现出来。朋友说，我有'白雪公主症候群'，希望自己人见人爱，能讨别人欢心。"小倩笑着眨眨眼，方才的怒火转瞬之间消失无踪，又展现出平日的优雅气质。

你怕自己生气时会像爸爸一样，变得很讨人厌，所以不敢生气？

大姐接着说："愤怒这种情绪我已经观照多年了。第一次发现自己不敢生气，是因为连续失眠之后，我去找协谈中心的人。谈了几次以后，她跟我说，问题出在你不敢愤怒、不敢生气上。她要我打枕头，我下不去手；要我骂，我也骂不出口。后来她要我回去把报纸卷一卷，打一打，类似打沙包之类的，几次训练下来，自己好了一些。了解自己的状况以后，我就不会因为顾虑形象而不敢生气，也不会因为生气就乱骂，最多只会骂人家'王八蛋'而已。没有更有创意的话了。在办公室我被认为是脾气不好的人，因为我不会隐藏愤怒。"大姐说完笑了起来。大姐为何会去求助协谈中心呢？其中应该有故事，但是她并未透露，我也不敢探问。

"为什么害怕生气？"浩威又问相同的问题。

大姐坐直身体，叹口气说："或许跟爸爸有关，我爸真的是很爱生气，太爱生气了！他每次生气时，就是一场大风暴，场面很可怕。当然，这是专家帮我分析的，我也没想得很清楚。可能是看到爸爸很生气、脾气很火爆的场面，我会很害怕，可是我不能躲，我要保护妈妈。如果保护不了她，我就会跑出去喊救命。我想，我可能害怕自己生气时会变成像爸爸一样。"

"所以专家说，你怕自己生气时会像爸爸一样，变成一个很讨厌的人，所以不敢生气吗？"浩威问。

阿妹插嘴附和道："对啊！我爸也是这样。我爸生气的时候，就是喝酒，借酒浇愁，然后摔东西，摔完东西之后，开始口不择言地乱骂。看到我爸那样，我会很害怕。后来我的脾气也变得很像我爸，一生气就摔东西，摔完了再去买，而且也会口不择言地乱骂，骂一堆非常难听的话。其实我很讨厌自己这样，所以我在愤怒时，会尽量选择压抑或是逃避，眼不见为净，学着不要像我爸那样。我要像我妈，逆来顺受，不会骂人也不会摔东西。"

"我绝不会做那种摔完东西再花钱去买的事情。"大姐说。阿妹很少分享自己的故事，总是很低调地挑选边缘的角落坐着，不过她的心事重重还是让人无法忽略，她的郁郁寡欢明显写在脸上。我总感觉，快乐的人在台北街头似乎并不多见，而在工作坊中，快乐的人就更少了。

我好难受，想自杀，可是没有勇气，因为还有牵挂，无法一走了之。

"唉，关于我的愤怒，"阿妹脸色一沉，神色黯淡地说，"我爸爸以前在台湾生意做得不顺，后来就到大陆去投资。在大陆失败了几次，后来改卖摇摇冰，做得有声有色，可是就不见他拿钱回家。有一次回来还跟家里要钱，我们觉得很奇怪，后来才知道他在那儿有女人了。

"妈妈不知道是希望多赚点钱还是交友不慎，就玩起六合彩。我们要她别玩，她就偷偷地玩，而且为了多赚一点利息，还把钱借给朋友玩，玩到房子都拿去抵押了，就这样越陷越深，还一直瞒着我，不敢让我知道。后来她打电话告诉我爸，说她玩六合彩输了一千多万，不知道该怎么办。她想自杀。我爸告诉我以后，我心想这下全完了。

"以前我的心都向着家里，薪水有 2/3 都拿回家。可是现在完了，什么都没有了，还有还不完的债。我好灰心，好恨他们，整个人都快抓狂了！我觉得世界上好像没什么可以信任、可以依赖的人了。我很愤怒，甚至跟我妈说：'我好恨好恨你们！我这么信任你们、爱你们，你们却没有为我想！'她一直跟我说对不起、对不起，可是有什么用呢？虽然我没有摔东西，却觉得很愤怒很愤怒，觉得什么都完了，被伤害得很深很深……"

阿妹说得伤心，声音喑哑颤抖，眼泪悄悄滑落下来，一旁的吉吉急忙掏出纸巾给她，浩威接续她的情绪说："那是背叛很深的愤怒。"

阿妹点点头，哽咽着把话说完："后来真的是快崩溃了，因为在家里闷得快疯了，我不断抱怨自己怎么会有这样不负责任的父母，只要看见他们，我就很气很气，气到整个人快爆炸了。我想搬出去住，我妈还阻止我。她说，干吗搬出去，浪费房租，倒不如省下那些钱帮她还债。我听后一把无名火冲上来，对她大吼："你搞成这样，还要我帮你擦屁股，你觉得应该吗？"我妈听了闷不吭声。

"虽然搬出去住了，可是我的心还是牵挂着家里，每天晚上睡觉都会哭醒……我想是我压抑得太厉害了，真的好难受，我想过自杀，可是又没有勇气，因为我对父母还是有牵挂，无法一走了之。"说着说着，阿妹的眼泪又流下来了。

"这是另一种愤怒，虽然没有摔东西，不一定有动作，但是有点自我伤害，觉得要崩溃。这种愤怒的力量不是朝外，而是向着自己。"浩威说。

难道我这辈子都要被控制，没有结婚的自由吗？当场我就拿起身边的椅子砸过去，餐桌应声而断。

待阿妹的情绪稍微平复，浩威转向阿勋问："你真的都不生气啊？"阿勋是浩威最喜欢点名的一员，我们料想以阿勋的年龄和经历应该有很多故事可以分享。

阿勋皱了皱眉头说，愤怒是他的生活中最常感受到的情绪。"有件事情我印象很深刻，我祖母在我小时候一直跟我说，以后长大不能娶属牛的，也不能娶跟我差6岁的。可是我太太就是既属牛也跟我差6岁。她来过我家之后，我祖母很不高兴，一直在背后批评，甚至大声骂我不听话，不准我们结婚。我非常生气，心想难道我这辈子都要被控制，没有结婚的自由吗？当场就拿起身边的椅子砸向餐桌，餐桌'砰'一声，应声垮了。"

阿勋连举椅子的手势都做出来了，戏剧性的情节随着他的手脚并用在我们眼前重现，仿佛连当时焦灼、尴尬的气氛都能清楚传递："我吓了一跳，想着，糟糕！怎么会这样呢？就赶紧跑回房间，用力把门关上，还好门没坏。他们也不知道要怎么处理，仍旧一群人坐在客厅，看着那断掉的桌子。到了晚餐时间，也没人去做饭，应该是没人想吃，我想他们也很愤怒吧！"

原本不吭声的晴子，下了个很妙的注解说："反正也没桌子可以放菜。"大伙都被这无厘头的旁白给逗笑了。阿勋无奈地做了个怪表情说："那种行为是很暴力的。当时想，糟糕，闯大祸了，很难堪的，不知道该怎么赔罪。愤怒发泄过后，我就上街去买了张新的桌子回来。那天好像一直都没吃晚餐，后来他们还是很顽强地反对我们在一起。"阿勋果然是个温和的人，"不小心"生完气之后，还会放下身段收拾残局。

浩威也淘气地放了个马后炮："或许你不买桌子回来，他们就会同意了。"

阿勋摇摇头，不以为然地说："到时候恐怕会变成长期的冷战，他们是吃软不吃硬的，就算冷战十年，我看也没结果。"

那种感觉像是生活中埋着一颗不定时炸弹，我逃不出来，也无处可逃。

"阿陌，你呢？谈一谈心中的愤怒吧。"浩威问。工作坊进行到现在，阿陌也表现得极为内敛。她常会出言安抚其他成员或者帮忙解围，可是说起自己的故事，往往是轻描淡写，让人想不起她前几次分享过什么。不过，淡淡的忧郁是她眉宇之间散发出来、令人印象深刻的感觉。

踌躇一下，阿陌低声说："愤怒是我所有的情绪中最强烈的，虽然我没有用动作表现出来。就像会来参加工作坊的人，大家的共同点是：不敢愤怒，都很有修养。"

"不是很有修养，是被修养。"浩威笑着更正。

阿陌点点头说："对，是被修养，被驯化了。唉，我觉得自己的野性被驯化得几乎不见了，而且是自己在驯服自己。我必须去说服自己面对这样的状况。我的愤怒……跟我先生嗜赌有关。六七年前，他开始碰股票和六合彩，积蓄全被套牢了。这几年来他完全不工作，只是在计算赌赢的概率，他觉得一定算得出来。他太自信了，还跑去地下钱庄借钱，输了再借，借了再输，然后我就得帮他还钱。这几年下来，算一算，我已经卖掉两栋房子了。我很担心，万一有一天，我的积蓄无法偿还他在外面所欠的债时，该怎么办呢？地下钱庄的人会不会来抓我女儿？那种愤怒说不太出来，就好像有乌云笼罩在头顶上。"

出乎意料，平常总是轻松带过自己的事的阿陌，今天却分享得那么深。或许是阿妹父母的事，勾引出她的伤心事？

阿陌继续说："我们还是同住在一个屋檐下，三个人住三个房间，我已经不可能跟他同房了。我对他的愤怒是，他不但没尽到应尽的责任，还给我造成困扰。可是我不愿意让女儿承受父母婚姻破裂的痛苦。有人跟我说，初中的孩子是最敏感的，别再给她额外的情绪负担，所以我想再撑几年等她长大一点再说。地下钱庄催债催得很急时，我也曾经要求他搬出去。可是他毕竟是孩子的爸爸啊，我不想弄得太难堪，像是把他扫地出门一样。我也不忍心让他流落在外头！

"每个深夜，我先生回来经过我的房门口时，我都会感觉得到，因为我没办法放心入睡。为了等他，门没办法反锁。我有神经质般的警觉，一有响声，我就会立刻惊醒，为了保护女儿，我要有警觉。唉，我就很羡慕我女儿，有时候她睡着时，我会去摸摸她的脸颊，她还是睡得很熟，可是我没办法，只要有人靠近我，我就觉得有威胁感。"

阿陌又叹口气说："我很气他，气他不能帮我分担家庭的责任，还要给我制造困扰，总是让我担惊受怕。虽然他一直想，有朝一日赢了就能翻身，也能稍稍弥补亏欠我的，可是他越这么想，欠的钱就越多，我的压力也越大。那真是无处可逃，好像是生活中埋着一颗不定时炸弹。

"我看过很多心理辅导的书，拼命说服自己，让自己甘心平衡一点。我们很少在孩子面前吵架，对我女儿来说，父母虽然不像别人家那么亲热，但起码有父有母。"

我想我会快刀斩乱麻，必要时不惜玉石俱焚。

"可是长久以来，父母都分房睡，青春期的女儿都不觉得有异状吗？"敏感的素素没放过任何细节。

阿陌苦笑着说："对啊！女儿很小的时候我们就这样了，所以她一直都认为父母应该是分开睡的，虽然长大后慢慢觉得有些不对劲。她去亲戚或朋友家，看到别人家的父母都是睡在一起的，还觉得很奇怪。我不去讲明，希望把对她的干扰降到最低。"

母亲保护孩子的用心令人感动。备受父母呵护的吉吉马上联想起自己的处境，她带着心疼的口吻说："我曾经跟我妈说，工作坊里有个人跟她很像。嘴角总是下垂，好像压力很大，心事重重，眉头都打不开的样子。我真的觉得你跟我妈很像，很爱孩子，什么事都为孩子着想。"

"我努力把自己训练得不需要任何人，可是我还是需要一个人让我的感情有出路。还好我有一个孩子，她是我一手带大的，她是我生命中最重要的支柱。"阿陌说。

"唉，真的是无处可逃！"浩威说。

"你会觉得寂寞吗？因为所有的事都是你一个人在承担。"我问。

"寂寞？不会啊，我不认为朋友或父母能帮我做什么，我一个人也扛惯了，我想我是很能够自己生活的，带着女儿一起，我就能生活得很好。有一天能够遇到一个精神伴侣当然很好，但是那也是可遇不可求的，所以就不去想了。当你没有期待，自然也不会失望。"阿陌虽然认命了，却引来众人同情的叹息。

成员们都沉默着，各自想着自己的心事。我抱玩着茶杯的握柄，不小心把杯子弄翻了，茶水浸湿了垫子。素素惊叫出声，赶紧拿纸巾来擦拭："真的是太沉重了！连杯子都倒了。"浩威幽默地帮忙解围。沉默半晌，闷了半天的晴子说："我觉得你的愤怒，好像被什么关住了。"

阿陌很无奈地叹气说："我相信是被关住的，可是我能对谁发泄呢？我摔东西也没用啊！"坐在一旁的唐果温柔地看着阿陌说："听了你的话，我好难受。唉，我觉得自己讲不下去了，我刚才差一点就哭出来——我的愤怒是很急性的，如果像你忍耐这么多年，我早就发疯了。我想我会先把那个男的干掉！"唐果气愤地说。浩威也有同感："我想我也会快刀斩乱麻，必要时甚至不惜玉石俱焚。"

此时，小倩心有所感地做了个分析："我觉得两性处理情绪的方式有很大的不同。女性对婚姻的忍耐程度似乎比较高，像阿陌就不会用暴力的手段，可是男性就会有比较多的肢体动作，不是伤害自己就是伤害别人。"

"太闷了，太沉重了！"浩威慨叹，开始征求曾经勇于发怒的经历。

我对着山谷把心中的愤怒叫出来，感觉挺舒服的。

脸上表情如初春多变的气候、声调轻快活泼的素素接着说："我的情绪很直接，喜怒哀乐全写在脸上。我在外面租房子，有一次晚上十一点多想打电话，发现电话坏了，仔细检查，原来电话线被拔掉了。难怪这阵子晚上十一点过后都没有电话打来。当时我很生气，觉得没有人有权利拔掉电话线。后来发现是我的室友拔掉时，我就跑去她的门口跟她大吵。她却很强硬地说：'女孩子住外面，十一点就应该睡觉了。'我回答说：'我又不是住宿舍，你凭什么管我？'

"那次的架吵了好久，也很大声，附近的人应该都听得到。吵完之后，我发觉自己气到生平以来第一次有脑充血的感觉。我很讶异，自己怎么会气成这样？后来她常会借故找我麻烦，比方说，敲门说我音响开得太大声，我根本不理她，反正那时候是白天，不会吵到别人睡觉，所以我就开得更大声。"

素素突然打住，吐了吐舌头，有些害羞。或是前面的分享者，都未曾那么赤裸裸地表达愤怒，素素有点不好意思自己展现出"泼辣"的形象。不过她还是挥舞手势，毫不做作地说："隔不久，有一次她半夜又来敲门，在门外口气很不好地说音乐太大声了。我很不高兴，完全不理她。她就继续敲，把我的门敲坏了。那晚我真的被吓到了，门没办法关上，很没安全感，也很害怕，不知道她会再做出什么事来。还好隔壁房间的人一直在放音乐，我就是靠那段音乐度过房门坏掉的夜晚。之后，我看到她，就告诉自己'不能气，不能气'，勉强压抑怒气，把她当个陌生人就好了。

"后来我跟朋友到山上玩。到达山顶时都没有人，我建议大家来喊叫，讨厌谁就骂谁。一时之间我想不到要骂谁，突然间想到她，可是又忘了她叫什么名字，于是我就对着山谷大叫：'死女人，你去死吧！'大叫过后，感觉挺舒服的，我觉得自己调节得还挺好的。"

素素能够这么舒畅、开怀地表达愤怒，真是有益健康，令人羡慕。听素素说完，晴子心有不甘地说："我以前不太敢表达愤怒，因为我是老师眼中的乖学生，会觉得发怒是没修养的表现，或者觉得是连续剧里的富家女才做的事。我多少也有一点'白雪公主症候群'，记得有一次因为学生分班问题和主任对骂，说了一个'骗'字，就很难过得边骂边哭。"

愤怒真的是被负面解读的情绪，因此大部分的人都选择压抑吗？大家说愤怒，却说得郁闷窒息，似乎是把怒气憋住，发不出来的感觉。不敢好好生气，似乎成为一种文明病啊！因此整个工作坊进行中，只听见浩威不断追问："为什么不敢生气？"

聚会结束后，成员们还围在浩威身边，听他介绍值得一看的电影和表演。每回工作坊一结束，就像电影散场，亮晃晃的灯光一打开，刚才彼此依偎取暖的氛围，多少会烟消云散，回想相互分享的故事，我不免有些难为情。走出活动室，看到日光灯下，成员们清晰的轮廓和灵动的表情，我们交换会心一笑。因为，在某段时空，基于不可知的因缘，我们知悉了彼此片段的生命故事和不轻易启齿的秘密，或许也曾抚慰和温暖了对方。多年后，我们或许会遗忘这些故事，但是这是多么奇妙的缘分啊！

愤怒分很多层次，最轻的一端是出现在生活中累积的挫折与不满，最严重的一端则是我们平常说的"抓狂"，即所谓的自恋之怒。

面对生活中所累积的不如意，每个人表现的方式是不同的。比方说赶着上班打卡时却堵车，有的人会破口大骂，有的人只是心里着急；妈妈叫孩子起床上学，有些妈妈只是紧张地催促，有的妈妈就会大声骂孩子。当周边环境没办法符合期待时，我们会愤怒，不过所谓的修养是可以处理这些不如意的。修养可说是广义的"同理心"——可以理解对方的处境，了解对方的有所不能。像堵车或是孩子赖床、不想上学都是无可奈何的事，甚至是理所当然会发生的事，接受了这些也就少了一分愤怒。除了这样的同理心之外，其实当我们能理解愤怒对事情毫无助益时，自然而然地，可以消弭对周边人或事的不满。

对于不认识的人，或者是位阶上远低于我们的晚辈或下属，我们越敢对他们表达不满；可是对于权力与我们相当或远超出我们许多的人，我们就越不敢对他们表达愤怒。然而，不敢愤怒并不代表没有愤怒。愤怒的情绪还是会累积，等到达临界点时，小小的一滴水就可以穿石，然后导致山洪暴发。这一点滴的愤怒可能跟之前累积的愤怒都不相关，可是所有累积的怒气可以全都发泄在这一点上。比方说，先生在公司被上司责备，客户又来抱怨、发牢骚，下班时，等公交车等了很久，好不容易等到了，上车时还摔了一跤，这时候一进家门看到太太吹着口哨做家务，就会开始挑毛病，挑剔太太怎么拖到现在家务都没做好，太太一定说没有啊，不觉得与平常有什么不同，可是先生就会借故开始发脾气，一股脑儿地把结婚以来的账都拿出来清算。这样的愤怒，通常累积到了遇见一位位阶较低的人，才会爆发。

另一种自恋之怒就不同了。每个人的心底深处都有根本且必要的安全感和尊严，这种安全感和尊严或许只是一种习惯，或许是来自成长的经历，不过一旦被碰触到，就会引发近乎狂风暴雨般的情绪，好比我们平常讲的"抓狂"。有人形容说，愤怒之火会把理智全烧光，指的正是这种自恋的愤怒，因为根本的尊严被伤到了，所以用几近崩溃的状态来反扑。

先前提到被背叛时，除了伤心之外，人最强烈的表现就是愤怒。因为在未被背叛前，通过占有欲，对方已被我们视为根本的安全感，所以一旦失去，就会在伤口处出现尤比的愤怒。还有一种情形是，每个人活着都会有一些让自己活得更舒适一点的自我欺骗。这种自我欺骗有时是自己也不愿意去面对的，可是万一被指出来了，看穿了，可能就会抓狂。吴三桂的"冲冠一怒为红颜"，就是典型的例子，因为对他来说，是男性尊严严重受损。对很多男性来说，在刻板的性别角色下，所谓的男性气概，其实是很多事情都好商量，但绝不能戴绿帽子。

情绪出路

　　自恋之怒的杀伤力很强，不论是对自己还是对亲密的人，都会造成伤害。这样的愤怒太没道理了，人们却往往因碍于面子不愿意承认自己的错，这一点才是造成关系彻底破裂的原因。发生抓狂似的愤怒时，我们要认真思考，自己到底在乎什么？如果愿意停下来想想，反而可以帮助自己的潜意识做更深的探索和了解。

　　记得我在读高中时，曾经有一次因为自己该做的事没有做，而和同学争吵，那个同学突然骂我："你老是装出一副很可怜的样子要人家同情你。"他讲出这句话时，我觉得整个人被剥光了，气得当场就翻脸了。可是事后想想，可能是因为相处久了，他的观察力又很敏锐，以前自己做错事时，就会装出一副可怜的样子，别人看了就会想，这么乖的孩子就原谅他吧！这是我记忆中有关愤怒印象最深的事，从这个经历中我也发觉，原来我会用自怨自艾来逃避责任。个性中有部分的懦弱，虽然没办法说改就改，不过在这件事之后，我就会慢慢注意这种状况。从自己的生气了解到自己所在意的是什么，其实可以学到很多的东西。

生气和抓狂都被视为愤怒，虽说被视为七宗罪之一，不过未必一定是不好的。大家都对愤怒抱持着负面的看法，其实这是人类社会随着文明进化的结果，愤怒被视为低贱的、没修养的。事实上，我们如果理解自己在乎什么，再进一步了解怎么做才能达到改变时，就能从这样的理解来开始行动。行动越多，愤怒就会越少。比方说，我们对社会的不满，如果能找到着力点去改变，牢骚与怨怒就会变少。

一再压抑愤怒，愤怒并不会消失。团体里提到多数人罹患的"白雪公主症候群"，那是很深的压抑，不敢生气，没有能力生气，缺乏要求别人的基本能力，同时也意味着不敢发表自己的意见，自己的想法连有都不敢有。这反而是比愤怒更悲惨的事。

延伸阅读

《人类的破坏性剖析》（2014），埃里希·弗洛姆著，世界图书出版公司。

第六课

沮丧：落入无边的深渊

投向死亡的自杀，也是最后的战斗了。

虽有一时之效，但也容易随着时间流逝而被众人遗忘。

所谓的沮丧，也就如孤魂野鬼般，流离失所却永不散去。

今天是"情绪工作坊"第六次聚会。进办公室前，外头阳光灿烂，有春神降临的气息。但是已近傍晚，天气好不好，已无从感知。工作坊的活动，在地下室进行。地下室无寒暑，只有空调，因此无法反映外界环境的变化。

　　上次谈"愤怒"时，把生命中最沉重的负担和压力说了出来，阿陌今天看起来比较放松，嘴角不再像吉吉形容的，总是下垂着，跟成员的互动也热情多了，像是产生了朋友般的信任感。今天还会有谁说出令人叹息的生命故事吗？

　　浩威来了，等待片刻，人也陆续到齐了。"喂，你头发又变样子了？"浩威颇感新鲜似的看着唐果。"有吗？还是那么乱啊！""他根本没整理。"女成员们毫不留情地七嘴八舌。"有啊，我有整理，而且我还自己染了头发。"唐果伸手拉拉额头前面一撮颜色斑驳的金发。"越整理越乱啦！"素素干脆给个结论。

那时候我住十楼，常常会想就这么飞下去吧！怎么那么沮丧？好像被人卡住了动弹不得。

浩威言归正传宣布主题："上次谈'愤怒'，这次谈的情绪是'沮丧'。"阿陌说："沮丧？给个定义吧！"大姐也问："'沮丧'的英文是什么？"浩威看着大家充满疑问的反应笑着说："哎，已经有人用英文思考了。其实我不敢给定义，考虑带这个工作坊时，就有这样的困扰，因为每个民族的情绪不一样，如果我们说：'今天很沮丧、忧郁。'听起来挺'琼瑶'的。但在英文中就有很多形容词像—— depression、blue、despair 等。"

"我觉得'郁卒'对台湾人来讲就比较通俗易懂。"大姐给了一个直接明白的定义。

一时无人发言。浩威低头拨弄眼前的笔记本，目光随着指尖在本子上游移，那是他要说故事前的习惯动作，然后接着说："之前我待在前一个医院时，那里的医生平均只待两年左右，流动性很高。那时我已经待了四年，资深程度大概可以排进前十名。因为我在精神科，对整个医院的人际互动其实很清楚，当时就发觉医生与管理层的冲突是流动性高的主要原因。

"比方说，每当医生去跟管理阶层说需要某些东西，医疗质量才会改善时，起初他们都不太理会，等到医生觉得此地不可留，打算离职时，他们才会很紧张地答应。可是等医生跟他们签完一年的合约后，他们又完全置之不理了。这时候，真是秀才遇到兵，有理说不清。而长期互动下来，他们已经知道留不住你了，所以也不会刻意留你，于是就开始对外说：'这个人就是这么没风度，难怪病人都说他脾气不好……'等你听到这类的闲言碎语时更生气，整个医院的人都对你另眼相看，你变成了医院里的'黑羊'，到最后只好满怀气愤地走了。

"等我和另一位精神科医生也遇到同样的问题时，我们就事先商量好，不管他怎么说，我们都要笑眯眯的，到时他无可奈何、威胁利诱，我们也不理睬，让他越来越受不了。而医院里的同仁都知道，你现在跟管理层吵架，变成'黑羊'了，每个人看到你都会变得敏感、尴尬。那时我们两个也说好，遇到每个人都要嘻嘻哈哈的。因为其他人也知道管理层有问题，但都没有出来指正，所以看到你会有罪恶感，尤其你又保持和睦时，他们会更不安。万一我们不理他们，他们就会合理化说：'这人就是脾气不好，坏家伙。'

"可是到了后半年，是我最低潮、最沮丧的时候。因为愤怒一直被压抑，无法发泄又没有办法排解。一旦发泄出来，就会变成'黑羊'。当时我住在十楼，常常会想就这么飞下去吧，那种念头会一直冒出来，似乎整个人被卡在那里动弹不得，没办法做任何事情。因为知道自己要离开了，所以只好拼命写作，那时候文章写得最多，因为要自我治疗。"浩威垂着头，声音越来越低。

小倩叹气说："少年浩威的烦恼。"浩威笑着耸一耸肩说："其实那伤害挺深的。"

我真的那么幸福吗？我讲的话都没人能理解。难道幸福的人就没有难过的权利？

吉吉今天很主动，不待浩威点名，就自己先说了："其实参加这个工作坊，我也有些沮丧。觉得自己说的话，没人能理解，我被视为一个很幸福的人，不能有任何抱怨，再抱怨就会遭天谴。唉！"

"因为我们认定你太幸福了，所以你觉得很沮丧？"小倩关切地询问。

"嗯，因为我的朋友也都这么说：你没吃过苦、你爸妈太宠你了，所以你才这么任性……我总是接收这样的信息，到最后，我不知道是我说不出来，还是我不想说了。"吉吉委屈地说。

"别人把你归类成幸福的人，导致你不想说？"浩威追问。

吉吉嘟着嘴说："嗯。上星期我到朋友家吃饭，结果也一样。我干脆就不讲了，反正讲了也没用，他们不会理解。"吉吉的口气有些赌气的意思。

对于吉吉需要呵护和安抚的撒娇，我并不善于回应，但是阿勋很有耐心地询问："那是什么感觉？"

吉吉皱着眉头，语气里有浓浓的抱怨："我不知道啊，上次素素问我，你会不会觉得别人嫉妒你？我没什么好嫉妒的，很多东西不是我努力得来的，也觉得自己不必太努力，日子还不是照样过，哪有什么好嫉妒的？人家为什么要嫉妒我？"

浩威也说："是啊！别人必须努力才能拥有的东西，就如你刚才所讲，你根本不必努力就觉得自己是'应该'得到的。"

"对呀！所以好像我获得的很不应该。每次只要我多说些什么，朋友们就会说：'你太幸福了、你没吃过苦、你得到太多，所以才会这样，你应该去吃一点苦！'我觉得没有人能理解我的感受。可是我幸福吗？难道幸福的人就没有难过的权利？我认为我很痛苦呀，你们又不是我，怎么会了解我的难过？

"最近我学到寻找'内心小孩'的概念，于是就试着去找。然后发现，从小到大，我爸妈只吵过一次架，不是大吵大闹，我也没哭，只听妈妈说要拿刀子捅死自己。因为那时候爸爸很爱打牌，好几天没回家，妈妈就带着我们去找爸爸，那是父母唯一一次吵架。其实我的生活就是自己一个人，虽然我和弟弟感情很好，可是从小就一个人玩，我常站在阳台上看邻居小朋友玩。"吉吉语气急促，急着诉说自己的委屈，反复抱怨别人不理解她，"我也告诉过爸妈，刚来参加工作坊时不知道自己要坐哪里，也很担心旁边会坐着谁。因为我习惯初到一个场合，就会有人招呼我，'来，坐我旁边'。我需要有伴哪！所以我会担心要坐哪里。"看来吉吉很敏感呢！

浩威温和地说："如果你不曾把这些话讲出来，我们也会跟你的朋友一样，认为你是个从幸福家庭出来的孩子，而你的父母就像神仙眷侣。"

那个孩子给我一个洋娃娃，我给那个孩子一句话：爸爸很爱妈妈，所以你放心。

阿勋很好奇地问："'内心小孩'要怎么找？"

"那是我听广播主持人说的，情节是这样的：先走入一个森林，看见里面有间屋子，这是一座图书馆，书架上的每一本书代表每一个人，我翻开其中一本写着我的名字的书，看见自己回到原来的家，见到小时候的我，然后进入里面逛遍每个角落，我记得客厅、厨房、厕所，就是找不到餐厅，因为我父亲常不回家吃饭。

"最后主持人说，当你要离开时，那个孩子会给你一样东西，你也要还她一样东西。结果那个孩子给我一个洋娃娃，而我给那个孩子一句话：爸爸很爱妈妈，所以你放心。小时候妈妈常买洋娃娃给我，我没主动开口要过，也不碰那些娃娃，只有妈妈会帮娃娃缝衣服。有一次，表姐的女儿来我家，看到娃娃很喜欢，我就干脆送给了她。后来去她家，看到她竟然这么喜爱那个娃娃，我就很想要回来。"

浩威问："看到那个'内心小孩'对你造成很大的冲击吗？"

"对，我应该珍惜我本来就拥有的。可是我总是在计较谁爱我、谁真心对我好，而谁又对我不好，事实上自己拥有很多，因为不需要争取就能够拥有，所以我都不懂得珍惜。我想是因为缺乏安全感，我对能控制的东西，会尽量去控制；无法控制的，我就放弃，保护自己不受伤害啊。不懂没有关系，不要这么沉重……"看大伙无语地凝望她，吉吉有点紧张地摇摇手。

我相信生活上有个好伴侣，是人生很圆满的事。我喜欢现在的自己，也追求圆满的人生。

素素点点头，用理解的口吻说："没关系，我保护自己的方式，也跟你一样。上次听到大家谈婚姻生活，我都不敢结婚了。我觉得，我现在一个人生活得很好，将来结婚，还要为先生和孩子的生活操心。若先生遇到挫折无法面对时，我还得帮他承担，我觉得那样好辛苦。我感觉大家的婚姻都不是很幸福，所以我对婚姻很失望，我觉得一个人过也很好。"

素素一连串的"我觉得"，包含了很多不确定的恐惧。她说"大家的婚姻"，是指阿陌上回分享的故事让她害怕吗？阿陌故作开朗，像是为素素打气似的说："我对婚姻也不是那么失望。"阿陌缓缓地诉说，像是经过深刻反省后的领悟："人如果能在有生之年，找到另一个很好的伴，是人生最圆满的事。上次讲过我的婚姻状况后，你们一定认为我很沮丧，我是有很长一段时间很沮丧。不过，我始终没有放弃再找一个伴的念头，然后再好好地过下半辈子，这种期待随时都有。

"如果我们在年轻时就找对了伴，那真的是很幸运的事，如果当时真的不是那么聪明，看的事、选的人不是很对，又年轻得不肯听长辈的话，就更容易走错路。世上还是有很恩爱的夫妻。中国人讲七世夫妻，我想我和我的先生，应该还在第一世，打打闹闹、相互亏欠的阶段，不像有些人已经修到了第七世恩爱的阶段。

"我相信生活上有个好伴侣，是人生很圆满的事。我喜欢现在的自己，也追求圆满的人生。眼前的痛苦会促使我去学习，会成长的。唉，尽力而为吧！"阿陌已经找到了自我圆满的方式，开始接受和喜欢自己，这恐怕是用许多的恐惧、痛苦和泪水换来的智慧，应该要好好地为她祝福。

我的愤怒是针对命运吧！我的努力不比别人少，结果却没有人家好，一路走来，我常会问自己当时为什么做那样的选择？

过了一会儿，浩威抬头看着我说："听说淑丽是犹豫了很久才结婚的？"

"没有啦，"我说，"那时候没有考虑得很仔细，是很迅速做决定的，其实在做决定时，不觉得是在为一辈子做决定。人生在做几个重大决定时，其实都很年轻，包括考大学选填志愿时，都没想得很清楚，就选了某一个科系。决定结婚时，也没有想很远，只想到最坏就是离婚，反正现在这个社会，离婚也没什么大不了的。不过有一个关键是，我没有什么不放心，觉得我先生人不错，我信任他也依赖他。我对于婚姻没有特别多的幻想，就是两个人互相陪伴，没有惧怕的事。"

"听你这么说，我很羡慕你，羡慕天生就聪明的人，所做的选择都比较正确。"阿陌苦笑。应该跟聪明与否无关，一切都是命运吧！我想。

"有这种事吗？"原本沉默的大姐夸张地嚷道，像要安慰阿陌。

轻轻一叹后，阿陌说："或许是命运吧，有时候我的愤怒是针对命运。我的努力不比别人少，结果却没有人家好，我想这就是命吧！一路走来，我常会问自己，为什么当时会做那样的选择？"

"当你嫉妒那些幸福或者命比你好的人时，会不会觉得愤怒，想做一些小动作？"学哲学的唐果，无厘头地飞来一句，逗笑了大家。这是典型的"唐果式"风格，常会将大伙从低气压中解救出来。

阿陌摇摇头："不管是嫉妒还是羡慕，又能怎样？反正再不好，也就这样了。"

我爸讲那些话时，好像一刀刀地在砍我，让我很沮丧。

浩威含笑地问唐果："你的沮丧呢？"

小动作很多的唐果皱起眉头沉思时，哲学家的味道就跑出来了。

"沮丧到底是什么？是因为被误解而觉得沮丧？还是有更深层的无力感？觉得被误会、被背叛？"浩威继续追问。

唐果歪着头，抚摸着手上的茶杯想想说："来台北念书，我觉得自己很独立，可以去做一些事情。可是每次去做我想做的事时，我爸就会有意见。像去参加运动，我觉得挺快乐，不过对他来讲，就变得很糟糕，这样的情况一直在重复。我想去追求很快乐的事，我的父亲都会跳出来指责我的不是，完全没办法沟通，而且那种没办法沟通是一种绝望，最好一辈子都不要和他谈论问题，不然就是摆明跟他冲突，搞到要断绝父子关系那种，很激烈的。只要做自己想做的动作，就会……哎呀，对我来说是一种滑稽又悲哀的事。"

"有种被绑住的感觉？"浩威问。

"对呀，动辄得咎，连在这么远的地方做这种事，都会被他发现，没办法逃。"

"你没办法忽视你爸的反应？如果你做决定时都要考虑他的反应，那怎么做你喜欢的事？"小倩对唐果提问。

唐果伸长双腿，两手一摊说："后来我做什么事都不让爸爸知道了。"父子之间的沟通，向来都不是件容易的事情。不沟通，反而变成了避免冲突的方式，久而久之，却也造成了隔阂。

我觉得这个世界上已经没有人可以相信，可以依赖了。我真的好绝望。

浩威转向阿妹问："你今天怎么都不说话？"双眼红肿的阿妹，鼻音浓重地说："除了感冒之外，就是烦家里的事。早上我妈打电话到办公室，问我爸的外遇该怎么处理？我妈其实很爱我爸，但是她的方式，我爸完全不能认同，她会偷偷去翻他的东西，我爸就认为不被尊重。我也不知道该怎么办，我觉得那是一种无力感的沮丧。心情很乱，如果是经济压力也就算了，可是精神压力真的让我透不过气来。虽然我现在住在外面，但随时都会有状况发生。我很怕接到妈妈的电话。本来一早心情不错，我怕她一讲完，我就四肢无力，太沮丧了！我不知道怎么帮我妈。"阿妹说着说着啜泣起来，眼泪接着扑簌而下。她因为深爱父母而饱受煎熬，可怜的女孩。

泪水稍歇，阿妹又说："只要家里一有状况，我就会沮丧。我对家里的爱很重，他们的一举一动都会牵绊我，让我的心很痛很痛。就算我逃到国外，我也放心不下，我觉得压力很大。在这里我虽然讲了很多，可是走在回家的路上时还是会觉得很闷，事情并没有解决，问题依然存在，很难过啊！"泪水又决堤了，阿妹今天哭了一整天吗？所以鼻头红红的。哭着哭着，阿妹突然尖锐地嚷着："我想自杀！"

浩威吓了一跳，问："为什么有这么强烈的感觉？"

"因为这个世界上已经没有人可以相信，也没有人可以依赖了，我真的好绝望。"阿妹泣不成声，泪水止也止不住，眼神和语气都发出求救的信号。

坐在她身旁的阿陌边叹息，边轻轻地拍拍她，很温暖地说："你要不要去找专业协谈中心？因为这些事要靠你自己解决。我以前也找他们谈过，虽然事情到最后都必须自己来承担。他们都受过同理心的训练，在谈话的过程中，情绪可以得到抒发。你对家里的爱很重，但那真的真的不是你的责任，对不对？"

把生命的重担强加在别人身上是不应该的，不管关系多么亲密，我负担不起。

看着啜泣不止的阿妹，我有点不忍心："我讲一下我的经历，以前我也感受到过像阿妹这样的情绪。我爸过世以后，我妈觉得很孤单，她没办法自己一个人生活，虽然我妹妹陪在她身边，她还是觉得很孤单。她一方面抱怨自己要养三个孩子，其实我们都已经长大了，这是经济上的不安全感；另一方面是情感上的，她怕以后没有人可以依靠，所以情绪就会直接对着我来。我妈妈大概知道我是心软的人，知道对我说的话，我会有反应，那反应绝对是很强烈的。以前我每天都会打电话回家，每次都感到无力而痛哭，当她生意不好或者烦闷时，就会产生想自杀的念头。

"她从没想过这会对我造成很大的压力，我没有办法解决，更不可能让我爸复活，或者在短时间内解决她的不安全感，只能陪着她哭。经过很长一段时间，反复被折磨之后，我也有了一些想法。我会气她为什么要把我逼到这么痛苦，我想我能给的都给了：每天打电话给她，每当她向我诉说痛苦时，我会想办法取悦她，制造惊喜给她。但是她觉得可以要得更多，甚至要我回花莲陪她，我考虑过后，认为那似乎是不可能的。回花莲去，我会找不到工作，我拒绝了，但是这三四年来，她常在电话中做这种明示与暗示。我常想回花莲陪她有用吗？也许反而会造成更多的冲突和痛苦。后来，我发觉母亲给的讯息是有选择性的，像弟弟就不会收到这样的讯息，她只会跟我和妹妹诉苦。

"我妹妹陪着妈妈，有时候妈妈情绪太强烈，妹妹听了会发抖。她没办法承受时，就会打电话给我，请我出面帮忙，后来我觉得那压力实在太大了，于是决定有选择性地承受，但不要完全置之不理，我毕竟是妈妈的精神支柱，我知道自己能承受到什么地步。例如，她要我立即回花莲，我可以每天打电话给她，经济上，我会支援她，就算结婚后也一样；情感上，如果她心情不好，我可以随时打电话给她，甚至马上坐飞机回去陪她。我希望能给她更多的安全感，但如果要我回花莲找工作，我会让她知道真的有困难。"换我要叹气了，虽然是为了安慰阿妹才说这些，但是我的眼睛并不敢看她，素素说我每次说话时都看着天花板。分享的过程中，我刻意表现出自己能承担的部分，其实我怀疑自己做的不能像说的那么多、那么好。

"我觉得把生命的重担强加在别人身上是不应该的，不管关系多么亲密，至少我负担不起，我也有自己生命的重担要扛，其实妈妈也有些反省，她知道自己制造出来的困扰，慢慢有些善意的回应。我选择我所能承担的，让她慢慢去适应一些情况，让她意识到某些事，我真的是无能为力。我也请弟弟来分担压力，而且我觉得母亲最该为自己负责，不可以撒娇、耍赖，说她不行，然后将烦恼全部推给儿女。"

"你会把无能为力的部分讲给你妈听吗？"小倩问。

"我讲不出口，一开口就会痛哭。很多是经由我先生说，我妈知道后会自己反省，情况就有比较好的改变。"

以前我会听那些不幸的人说故事，然后庆幸自己比他们幸运，现在我觉得自己应该走出来了，不该再依赖别人的不幸来自我安慰。

阿妹的啜泣渐缓，哽咽着说："参加这个团体，我慢慢发现——为什么我小时候只知道玩，对很多事情都感到一片空白？我一直在问为什么自己会是这样的个性。真的找回很多。刚开始面对一群陌生人讲心里话，会保留很多，但又想倾吐，可是讲出来又没有安全感，于是试着讲出来，会很舒服。如果没有讲，回到家心里会很难过，所以我觉得参加这个工作坊是有治疗效果的。"

这段话算是伤心过后的阿妹深刻的感触吧！

"建议你回去之后延续这样的感觉，生命的历程……"阿陌用鼓励的口吻说。

"其实我有写日记。"阿妹回应。

"上次我为什么直到王医生点名才讲。"阿陌看着浩威笑了，"当时我和你有同样的想法，不要讲自己最沉重的部分，讲一些小事情就好。可是如果没有把自己最沉重的部分讲出来，其实前前后后讲的都是表面的东西，只是在应付。上次真的说出来了，获得一句很受用的话是唐果讲的，'我快哭了'。好像有人理解我、同情我，虽然我不喜欢人家同情。

"回家的路上，我都会收听广播节目。其实我很卑鄙，我利用别人的悲伤来治疗自己。因为会打电话上节目的人都是很凄惨的，我听那些不幸的人诉说他们的故事，然后庆幸自己比他们幸运。我觉得自己应该走出来了，不应该再依赖别人的不幸来鼓舞自己。现在我会期待这个聚会的到来，并且喜欢来到这里，不一定是想得到或者给予什么，就是期待而已。"

是啊，原本从这个城市不同的角落聚拢过来，成员们怀抱着各自的心事，进入这个小房间里，切断了与现实生活的联系，暂时将沉重的负担摆在一旁，带着热情投入自己与他人的生命故事，可能被理解，也有可能尚未被理解，重点是，彼此抱持着善意与同理心，专注凝听，过程中会有叹息，也有沉默，常有笑声，偶尔也伴随着泪水。聚谈结束后，又各自带着一些感触、一些反省（或者说功课）慢慢踱回家，随着时间酝酿、发酵，就像一瓶有年份的好酒，摇摇晃晃后再入口，或许得以重新品尝出更深邃的人生滋味。那有可能是愈陈愈香的人生况味。

渐渐地，我也开始期待下一次聚会的来临了。

王浩威的情绪笔记

我们挑题目的时候，本来是选"忧郁"，不过忧郁是比较专业的名词，泛指所有的情绪低潮，所以后来把题目改为"沮丧"。沮丧是更深沉的低潮，带有放弃、投降，不想再跟这个世界争吵的意思。

人跟所有的动物一样，有基本的反应模式，面对困境时，不是战斗就是逃跑，我们都尽量在这两者之间努力；如果无法战斗也不能逃跑时，可能就会昏倒或装死。先前讲的嫉妒、愤怒，都是持续战斗的状态，企图再抢回来。嫉妒是努力争取，愤怒则是奋力一搏，沮丧却是完全放弃了。

有时我们会想逃，恐惧的下一步就是逃，或是遗忘。遗忘也算是一种逃，不再去想，连记忆中的痕迹都不留。可是，万一遇到连逃也没有用、战斗也没有用，甚至是不能逃也不能战斗时，深层的放弃——沮丧，便来袭了。沮丧往往发生在确定自己的战斗已经失败，再也无法争的时候，比方说人对死亡的反应。

突然知道自己的亲人死亡时，每个人都会呼天喊地、无法相信，甚至认为一定是误传，等到确定一切都无法挽回时，真正的悲伤才会来临。也因为这样，沮丧往往就像无边的浪潮袭来，没办法看见尽头。沮丧可能出现在最后的奋力一搏之后，也可能发生在长期的情绪压抑之下。经常，我们压抑到最后觉得整个人的能量都耗尽了，并非不想再战，只是觉得力气用尽，像冬眠似的，掉进无边无尽的深渊里。通常，这样的沮丧也没有别的理由，只是人类的动物性告诉我们：能量已经耗尽，该休息了。

动物行为学家认为，沮丧未必不好，这或许是人类调整能量的方式。不过在临床上，有些人是经常性的忧郁，可能是无法逃义无法战斗，不知人生为何而战，不知活在世上是为了什么。我们在年轻时都曾经青涩过，这是人在成长过程中，必须面对的问题。可是有些人一旦面对这样的问题，却连问的能力都没有，有时连环境也不允许问。比方说有个女人，在传统的家庭里长大，毕业后顺利地结婚生子，直到有一天，先生有了成就，孩子也长大了，她突然空闲下来，开始陷入沮丧。问她为什么沮丧，她可能说不出来。可是更细腻地探究，她可能会困惑地问：活着难道只为别人吗？到底能为自己做些什么？可是身为别人的妻子和别人的母亲，她不能问这个"自己是谁"的问题。不能问，当然也就更不可能去找，到最后只能是无尽头的沮丧。

不过也有可能纯粹是体质上的问题。研究动物行为学的学者说，每个人的能量和体质不同，有些人的能量少，很快就用完了，也或许每次用的时候，用得太激烈、太过度，所以生命状态就像躁郁症，经常不是躁就是郁，会高低起伏。歌德在忧郁的时候写了《少年维特之烦恼》，让人看了差点会随着他的抑郁而想自杀，可是平静状态下他可就写不出这么忧郁的作品。

情绪出路

沮丧代表某个生命阶段的结束。如果因为战斗、逃走或装死都无效而陷入沮丧的话，也许意味着要告别过去而向前看了。这时，该如何试试找到新的出发点，包括新的爱情、新的目标或新的人生。

如果是能量耗尽了的沮丧，就该提醒自己做长时间的休息。怎么纵容自己好好休息，而不要把所有的责任与义务扛在自己的肩上，即使暂时还没有能力或权利去快乐，至少可以学着把忧和虑都放下。无忧无虑，等到能量补足时，再回到原来的路上。

或许有人会产生自杀的念头，想以自杀来处理问题。投向死亡的自杀也就是最后的战斗了，虽然有一时的效果，可是也最容易随着时间被众人遗忘而成为无效的战斗。当事人不在了，死亡的结果往往被驱逐出众人的记忆，成为永远的消失，人们甚至以为你不曾存在过。所谓的沮丧，当然也就如孤魂野鬼般，虽然流离失所，却也永不散去。

延伸阅读

《躁郁之心：我与躁郁症共处的 30 年》（2018），凯·雷德菲尔德·杰米森著，浙江人民出版社。

第七课

疏离：人真的能像座孤岛吗

人其实很矛盾。害怕与人太亲密会把自我吞噬掉，
可是当没有人侵犯我们的自我时，
那种孤独的感觉会迫使我们忍不住去找"我类"。

工作坊已经进行了七次，早到的人围在茶几前喝茶、聊天。刚刚浩威打电话来，说在新竹有场演讲刚结束，赶过来会迟一点。进入活动室宣布这件事之后，成员们七嘴八舌地讨论起来："王医生真的很忙。""上次工作坊结束后，回到家里打开电视，还看到王医生在电视上，真是恐怖！""对啊，他每天要不要睡觉啊？"大家兴味盎然地讨论王医生，让我松了一口气。看着成员们在昏暗的小房间里热乎乎地闲聊，感觉人与人的缘分，真是奇特。我们可以说是"最熟悉的陌生人"吗？

　　门"砰"的一声被打开。哇！是阿正，总算来了。"你怎么这么久没来？"大姐热络地招呼他。阿正闷着头找了个位置坐下后说："不好意思，我前一次脚受了伤，后来又搬家。"阿正有几次没到了。其实，应该问自己，我为什么那么在乎有人缺席呢？会不会我心中潜藏了一个假设——大家能从头参加到尾，这个工作坊才算完美。那是否也代表了我过于执着？

正想着想着，浩威匆匆进来了，边跟大家打招呼。他在阿正身边坐下，拍拍阿正的肩膀说："好久不见！"阿正难为情地搔了搔头。

刚来台北时，很想把话讲成台北腔，不要泄露自己是从南部来的。

浩威解释了迟到的原因后，就说今天要讲的是"疏离"。"疏离好像是很陌生的情绪，不常常被谈起。蔡明亮的电影就呈现了许多疏离，我也常在想，人与人之间到底能有多亲？"浩威想了想后说，"疏离，其实也不是那么陌生。印象比较深刻的是我从南投来台北念初中，读了一年多，得了慢性肾脏炎，后来就决定转回南投念。医生说最好多休息，所以大家去升旗或者上体育课时，我就一个人留在教室。不幸成绩又很好，每次都考第一名，同学就会认为你都是因为偷偷躲在教室里念书，所以成绩才会好。

"记得那时候常坐火车来台北验尿蛋白。尿蛋白是算几价（＋），有时候检查出来，降了半价，我就会很高兴，一下子又觉得很无聊，一个符号就可以高兴那么久，那段旅程让我印象很深，好像没有人可以了解。"

"难道你没有一两个比较好的朋友吗？"小倩侧过脸来问。

"没有啊，我一直到大学时才有死党，我自己也很惊讶。小时候这段经历也影响到性格，对自己的举止动作很敏感，很在意别人的看法。记得上初中来台北时，很想把话讲成台北腔，就是会卷舌，不要泄露自己是从南部来的。可是从台北回南投时，我的标准台北腔就被嘲笑了，我又刻意学台南腔，不愿意让自己跟别人不一样。哦，那时候还很怕被老师称赞，也很担心全班被打时，唯独自己没有被打。我想，可能是疏离感来得太早又太强，因此很在乎别人，却又不知道该怎么办，所以就自我孤立起来。"浩威说完，一时无人接话。

大家默默地低着头，各自思索。以前彼此还不熟悉时，沉默是种压力，不知道浩威的眼神会点到谁发言。几次工作坊下来，我有了几分把握，知道谁会义气十足地扛起打破沉默的责任，有了这样的把握之后，我就可以自在一些了。

毕业后我再也没和同学联络。回头看那时期的照片，笑脸很少。

果然不一会儿，坐在浩威身边的大姐就开口说："听你这么说，我在想，是不是在团体中，如果羽毛的颜色跟别人不太一样，就容易产生疏离感？"大姐转头等候浩威的回应，他笑而不答，暗示大姐往下说。大姐说："以前我从基隆到台北念书，念台北市立第一女子高级中学，班上的同学大多是台北人，生活习惯和成长背景都不一样。例如，有同学帮妈妈洗了碗，隔天到学校就会炫耀一番，好像这是个特别棒的表现。我想，那有什么了不起呢？我三四岁时就被规定要做很多家事了，现在每天回家都还要做饭呢！

"坐我旁边的同学，三年下来我竟不知道她是哪里人，没听过她讲方言。同学之间送个生日礼物，都是很贵的，我没有钱可以买礼物送。同学都去补习，我也没钱去补。遇到考试，挫折感就很强，因为考题都是老师在补习班上课时讲过的，没补习的人就很惨。中午，我都没带便当，一个人去小卖部吃。高中生活就这样一天天地过，很少跟同学往来，同学们也都觉得我很奇怪。高中毕业后，我再也没和同学联络。回头看我那时期的照片，都很严肃，笑脸很少。

"后来有比较深的疏离感，是因为我离婚。我离婚十年了，现代社会不管离婚率有多高，在婚姻状态里的人就是比离婚的人多，所以在许多场合里我就会变得很奇怪，疏离感也会产生，不过我已经习惯了。"

有一次在杂志上看到《父母离婚会导致孩子丧失亲密能力》的标题时，难过得直哭。

大姐用手支着额头，啜了一口水说："我现在跟同事之间也有疏离感。因为办公室的默契是偏人际导向的，可是我无法认同那样的文化。所以我跟他们很疏远，他们大概也觉得我怪。"

"一般人都不会轻易向别人说'不'，也不轻易告诉别人自己的原则。"小倩心有所感地说。

大姐说，她衡量亲密感的指标是"我能不能放心地跟他说出我的软弱，而且，跟他说了之后会不会造成彼此的疏离"，她觉得如果交情不深，而跟对方说太多自己的软弱，恐怕会让对方觉得承受不住而有想逃的念头。

"老实说，我对'亲密感'挺焦虑的。记得刚离婚时，在杂志上看到《父母离婚会导致孩子丧失亲密能力》的标题时，我就伤心大哭起来。离婚是不得已的选择，可是总有一大堆的说法在恐吓单亲父母，尤其是离婚妇女。吓得想离婚的妇女不敢离婚，让离了婚的女人后悔。可是这几年下来我有了不同的看法。我觉得导致孩子亲密能力的丧失，并不是离婚这件事，而是后来处理不当的过程。比方说，有些离婚的人还把对方放在心上，所以郁郁寡欢，对孩子也冷淡，才可能对孩子产生负面影响。"大姐边说，边把眼光投向浩威，像在征询他的意见，浩威朝她点点头。

我不知道自己出了什么问题，可是我只会逃避，眼睁睁地看着朋友一个个离开我，而我却拿不出什么办法。

我接着说："有一个故事说，鸟类和哺乳类的动物相互打架，蝙蝠因为无法被分类，所以不受两方阵营的欢迎。记得刚从花莲来台北念书时，班上的同学都打扮得很漂亮，一群女生会说她们是台北市立女子第一中学毕业的，我心里也挺自卑的。在花莲读书时，因为成绩还不错，作文成绩又好，同学很快就会注意到我，主动来亲近我，但是到台北之后，自己没有出色的地方吸引别人来招呼我，也没学会如何去亲近别人，独来独往就变成必然的结果。

"后来到一个团体当义工，好不容易又有了与人亲近的归属感，跟所谓的'同志们'相处得很好。毕业后当了一个政府机关的助理，后来又到了一家杂志社工作。后来那家杂志社被收购了，我觉得自己并不适合在这个团体打拼，于是就到《张老师月刊》工作。入职后，才发现月刊跟旧社团的密切关系。当时心里很挣扎，月刊的工作挺适合自己的，可是碰到昔日的朋友，就觉得很难去解释自己为何'变节'。发现以前很亲密的朋友再见面时都有些尴尬，或许也是自己的负罪心理在作祟吧！当然我心里也很难过，不知如何辩驳，以前他们都觉得我很活泼，现在看我却像个哑巴似的。

"或许是自己缺乏信心，没有把握说服朋友，让他们理解自己为何选择这样的工作。看着别人还坚持着昔日的选择，为理想打拼，自己却脱营叛逃了，心里有点愧疚。其实我挺害怕自己再怯懦下去，这样真的会把以前的人脉都断光了。我不知道自己出了什么问题，遇事只会逃，眼睁睁地看着朋友一个个离开我，而我却拿不出什么办法。我甚至还想做业务或销售，培养自己维持人际关系的技巧。"

"转变太大了吧！""太极端了吧！"大姐和小倩异口同声地说。

做蝙蝠可以是一种选择，做变色龙也是另一种选择。做变色龙是为了要——生存吧！

"我听你讲大学时班上有一群台北市立第一女子高级中学毕业的学生，我们班上也是这样。一女中的人都喜欢聚在一起，可是我还是孤独一人，后来班上的男生知道我也是一女中毕业的，大家都吓了一跳，因为我跟她们很不像。"大姐说完，捏了块饼干放进嘴里。浩威思索半晌，问大姐："你会不会像淑丽一样，进入某种场合或小团体，疏离感就会被克服？"

"我的疏离感似乎一直都存在，我想维持人际关系，但又不想妥协，所以在技巧上我做得比较'贼'一点。"大姐回答。

"刚才讲蝙蝠时，我很有同感。"阿正终于开口了，先前总是率先发言的他，难得沉默到现在，可能是因为有两次没来，还在试着进入状态吧。"小时候因为父亲生病，除非是很要好的朋友，否则我不敢带回家，我怕爸爸的病会突然发作。我认为自己在学校适应得挺好的。或许，做蝙蝠是一种选择，做变色龙可以是另一种选择，做变色龙是为了要……"阿正搔搔头，在找一个合适的词。

浩威接下去说："生存。"

"对，就是生存。"阿正说，"我爸妈不是一个地方的人，我没有语言隔阂的问题，甚至还可以居中翻译。不过如果借口说是为了求生存而当变色龙，感觉很'贼'。"

男女之间的差异原本就存在，可是我想努力把彼此揉在一起。

阿正继续说："以前一谈起恋爱，真的挺可怕的。我总是全力以赴，付出很多的心血，想消除两人的差异，'将咱两个，一齐打破，用水调和。再捻一个尔，再塑一个我。我泥中有尔，尔泥中有我'。我就希望是这样。事实上，那差异是存在的，而我却像个习惯通过望远镜看东西的人，忘了中间的差距。或许当时真的很盲目，不过就是很想这样，可是努力把彼此捏成一丸时，爱情也就不见了。后来再谈恋爱就不敢有合而为一的想法了。"

素素故意睁大眼，模拟"捏成一丸"的动作，然后伸出舌头做出恶心的表情说："你在做包子啊！"浩威追问："为什么不敢了？"

"或许是'一朝被蛇咬，十年怕井绳'吧！如果彼此有差异，不要想消除，妄想把彼此捏成一团。等到分手时各走各的路，不会因为要勉强掰开而有剧痛。"阿正苦笑。"是因为害怕剧痛才要保持距离吗？"浩威追问。

阿正摇摇头，有所领悟地说："距离本来是存在的。曾经有个长辈告诉我，追一个女孩子之前，得先想好怎么把她甩掉。刚听到这个说法，我觉得那是骗人的论调，心想既然要甩掉她，干脆就不要追好了。可是后来我已经能体会其中的道理了。"

在路上看到六七十岁的夫妻，手牵手散步，就很羡慕他们的亲密能力。

浩威点点头，看着阿正说："我觉得你讲的变色龙的故事很有意思。我想到常会有人夸赞：'你们家的孩子都很出色。'可是我们兄弟姐妹之间却很疏离。有一次我哥问：'为什么我们家的人在外面人缘都很好？'刚刚我才想到，我们家的亲密关系很差，在家里好像……"

"缺乏安慰。"小倩很能理解似的接上话。

"是啊，缺乏安慰，所以在外面很怕失去朋友，人缘自然就好了。其实我觉得，就我们的家庭或婚姻生活而言，别人表面上见到的都比实际状况要亲。一家人真的在一起时，却有很多禁忌不能碰。"

静坐一旁的阿陌，轻轻地点点头说："今年过年时，我们家族办了个集体出游的活动，兄弟姐妹全到齐了。大家聚在一起玩乐吃喝，不过就是有很多关键点不能碰。比方说，他们会避免谈我的婚姻问题，这正是疏离所在，象征彼此的亲密能力还不到那个程度。我常在想，亲密的能力到底是怎么培养的呢？"

阿陌说，她觉得自己像座孤岛，常常想，在这个世界上，她到底和谁最亲？环顾四周，不知道人到底要有多大的亲密能力才能让彼此再靠近一点？"有时候在路上看到六七十岁的老夫妻，还手牵着手散步，真是羡慕，这种亲密能力是怎么学来的，起码我自己一直没机会学到。"

阿陌耸耸肩苦笑，有些无可奈何："就像我们家族的成员全体到齐，热闹地唱歌相聚，却没办法安静地坐下来谈彼此最重要的问题。我想，同一个家庭出来的兄弟姐妹，为什么会觉得疏离呢？是因为亲密的能力没有培养出来，还是说人真的要有个保护层以免自己受伤害？不过有些家庭成员彼此是很亲密的。"

为了表示亲密，我会去握我爸的手。刚开始很尴尬，有时还会撞在一起呢！

曾经对阿陌受的伤表示同情和理解的唐果，转过头深深地看着她说："小时候我跟爸爸比较疏远，因为他在外面工作很少在家。记忆里，很少跟他有身体上的接触。读了研究生后，也谈了几场恋爱，我想通了一些事，后来为了表示亲密，我会去握他的手、搭他的背或是抱抱他。刚开始很尴尬，不习惯嘛！动作都很奇怪，有时还会撞在一起。因为他不知道伸出手来的力量有多大，也不知道被抱的感觉，但几次下来，彼此的默契就越来越好了。

"记得有一次，我爸来台北，我们住在姐姐家，同睡在一张床上，身体靠得很近，我们在黑暗中聊天。他讲他的想法，我也说说我的，感觉很好。过了那个关卡之后，父子间的疏离感就消失了。"

唐果说着，伸出手环抱，回忆父子相拥的情景。上回谈"沮丧"时，因为父亲不能认同自己的选择和理想，唐果觉得很沮丧。

这次他谈父子和解的经过，大伙完全能融入情境，专注聆听他诚挚而动人的分享，并流露出赞许或者羡慕的眼神。工作坊进行至今，我发觉随着彼此越来越熟悉，大家已经能用眼神替代言语来交流情感了。

"为什么会有这样的转变呢？"心系父母、饱受家庭问题折磨的阿妹，求助一样望着唐果。

唐果表情严肃，认真地回答："其实我爸很顾家，不过因为他是个职业军人，常常不在家，或许他自己也感觉到跟孩子没那么亲近，有些话跟我妈也没办法讲。等孩子长大以后，跟他的感觉比较像朋友，他可能觉得有些话可以跟我说，而我也愿意听他讲，所以他就开始试着跟我聊了。

"到台北念书以后，偶尔回家，我会早点起床陪他去运动，边散步边讲些我在台北的生活，他也会告诉我一些平常不跟别人说的话。那种默契是相互的，久了之后就觉得我们似乎可以更亲。"

唐果的经历让阿妹很羡慕，她感慨："父亲要做到这一点不是很容易呢！""是啊，这种经历挺难得的！""很特别的经历。"众人你一言我一语地加以评论。

被大家的称赞和羡慕包围得有些不好意思，为了降低自己的幸福感来安慰旁人，唐果装出不知足的戏谑表情，无厘头地说："对啊！不过他的肩膀好硬。"

大姐斜眼看着他，粗着嗓门开玩笑说："你还挑啊！"

我爸叫我帮忙挠背，我都会借口说他的头好油、好恶心就跑掉了，不想和他亲近。

"啊……""那……"素素和晴子同时开口，晴子很不平地嚷着："换我说，换我说！"竟然会抢着发言，还真难得。晴子嚷嚷时，流露出幺女的骄态，这是刚认识她时很难看到的样子，或许她已融入其中，觉得跟大伙混熟了吧！

晴子说："小时候，我爸一直很挑剔我，觉得我这里不好、那里不对。有时候他会叫我姐姐或我帮他挠背，我都借口说他的头好油、好恶心就跑掉了，可能是不想和他亲近吧。到现在还常跟他吵架。

"可是这一两个月，他的身体状况突然变得很不好，先是头痛、膝盖痛，后来又手痛。有一天我看到他下楼梯时，手一直扶着墙壁才能慢慢下来，我心好痛、好难过。有一次他摔伤，膝盖瘀青，要剪掉腿毛贴药膏，我主动帮他剪，没有像以前那样跑掉，心里很自然地想帮他，我也察觉到了自己这样的转变。"

浩威做结语说，原本觉得"疏离"很难谈，可是听大家谈了之后，有些细致的感觉被谈出来了，他自己也想起一些东西。

这次的分享也让我进而思索，或许适合生存的人都具备了某些变色龙的本领，摆荡在与人亲密或疏离的两个极端中间——与人亲近久了，觉得需要喘息和自由的空间，就稍微拉开距离；离群索居久了，感觉孤单，就向人群靠近一点，取些温暖和慰藉。

不知为什么，我常常想起阿陌的疑问："人真的能像座孤岛吗？"至少我做不到，这算是幸福抑或是遗憾吗？

王浩威的情绪笔记

　　"疏离"是很现代的情绪，随着社会结构演变才出现的。过去的社会可以说是以社群为中心的"社群社会"，或者以家族为中心的"家族社会"，人永远生活在群体当中，很少离群索居，甚至连移居的情形也很罕见。"旅行"对 19 世纪的东方人来说，是非常不可思议的事，像徐霞客那样四处游山玩水的人，其实是当时的异类。

　　不过，随着现代社会的变迁，大家族的结合模式已经不太适合高度发展的社会的运作，家庭结构很自然地从大家族转为核心家庭，甚至连核心家庭也无法承担起成员共同性的维持，无法提供"我类"这种感觉应有的支持，所以逼得每个人都开始去寻找自我。哲学家们从克尔凯郭尔到后来的存在主义，都是在讨论在高度发展的社会的运作下，城市兴起、社群生活瓦解后的人们的处境。

　　现代人多是在小家庭中成长。我们小时候，小家庭还可以提供某些"共同性"；可是随着成长，共同性一旦瓦解，就会出现"自我认同"的问题。过去的社会，孩子为了追求自我而叛逆，向来被认为是大逆不道的。然而在当代，大多数人追求自我认同是其成长过程的必经之路。因为唯有经历这样的过程，我们才能拥有在这高度发展的社会中基本的生存能力。

然而，当我们脱离群体时，失去了共同性，会觉得自己与全世界的人都不同。人其实也很矛盾。害怕与人太亲密会把自我吞噬掉，可是等到没有人要侵犯我们的自我，不再爱我们、恨我们、要求我们，让我们完全自由地去发展时，那种孤独的感觉会迫使我们忍不住要去找"我类"，找相近的朋友。在这样的欲求下，如果在还没找到"我类"之前，我们都会认为自己是不对的、是异类。因为脱离原来的共同性去发展自我，是以前从来不曾经历过的，所以我们没有信心，会怀疑自己。

通常我们只能看到别人的浮泛表面，会认为别人似乎都很好；看自己却是看得很深入，就觉得自己很奇怪或者很差劲。所以在没找到"我类"，还没建立自信以前，"疏离"就会产生。疏离感在成长过程中会出现，也可能发生在突然被抛到陌生的环境中时，比方说，到身边都是白人的国家留学，就会觉得自己与周遭格格不入。

 **情绪出路**

　　有时为了建立与他人的关系，我们会企图改变或扭曲自己的想法，试着把自我变小来适应社会。比方说，回想大学时代，我们常是意气风发，蓬勃地发展自我，通常那时候与社会是最疏离的。等到毕业后踏入社会工作，再度社会化以后，整个自我意识受到挑战，疏离感常会随着社会化消失，因此想要坚持自我性格不受到扭曲、改变，在这个阶段才是真正的挑战，要做到其实是很难的。

　　真的不想改变自我时，得先要学会自在，找寻自我的桃花源。这样的说法乍听有点玄，其实只不过是要学会不再担心自己是否有问题，也别再以别人的价值观为依归，不要因为他人的眼光而忧心忡忡，要学着以自己的态度为准则，努力建构自我的价值体系，这样才能让自己更自在也更自信。或者也可以寻找自己可以皈依的哲学或信仰，从其中找到行动的依据或生命的归属感。

　　再者是想办法自给自足，降低自己的欲望，降低必须依赖别人才能生存的程度，提高自己独立生活的能力。我们因追求自我而与社会疏离的过程，必须丝毫不勉强，才可能持久。

延伸阅读

《荒野生存：阿拉斯加之死》（2013），乔恩·克拉考尔著，浙江人民出版社。

《世界尽头与冷酷仙境》（2018），村上春树著，上海译文出版社。

第八课

绝望：寻找被遗忘的生命伤痕

对某些人来说，感情就是生命的全部，

一旦失落了，人也崩溃了，不再有期待。

绝望到极点，也许成为行尸走肉，也许是更强烈的恨。

"我猜今天应该谈'绝望'。"素素微侧着脸靠着掌心，手肘撑在茶几上笃定地说。"我也是这么猜！"一袭淡绿色套装的小倩，靠在茶几边缘喝着茶搭腔。

　　"'绝望'可以讲些什么啊？"素素边想边说。"讲口蹄疫好了，对猪来说很绝望。"时间一到，就会自动从外头晃进来的阿勋，嬉皮笑脸地加入话题。"你是说，猪很绝望，还是你很绝望？"素素索性也跟着开玩笑。阿勋笑着说："都可以啊，对猪肉绝望，养猪户也绝望，对现在的社会也绝望。"

　　"你们已经开始谈啦！"浩威还是一贯的弥勒佛式笑容，嘻嘻哈哈地走进来。

　　"没有啊，当然是等老师来喽！今天是谈'绝望'吧？"大姐扯开嗓门招呼浩威。"是啊，已经开始谈了，不错啊，还少谁呢？"浩威环顾了一下四周。

　　少了阿正，他现在应该正在路上狂奔吧！浩威确定今天的主题是"绝望"后，原本嬉闹式的漫谈戛然而止，现场陷入一片静默。

奋斗很久的理想突然倾圮瓦解，困惑、动摇，甚至幻灭的感觉出现。

看大家不说话，浩威先说："绝望的感觉我还是经常能体会的。印象比较深的是大学时代参与社团运动的后期。刚开始接触社团运动，怀抱很高的理想，认为借此才能改变社会，所以很积极地投入，当时似乎是从文艺青年变成了理想青年。

"不过投入之后，发觉很多事都让我沮丧，没有想象中美好，因为在里面看到人与人之间的不信任甚至是权力斗争。我认识其中一个在思想上带领我们的人，当时社会科学的讨论并不蓬勃，所以觉得这个人很了不起，心里很崇拜他。可是有一次遇到很紧急的事，大家急着找他却找不到，后来才知道当时他正在旅社嫖娼。

"当时那冲击对我来说真是太大了。怎么也无法想象，大家忙着打仗时，他居然跑去嫖娼！奋斗很久的理想，瞬间整个儿倒下来，自己投入这么久的事业，突然不知道为了什么，困惑、动摇然后幻灭的痛苦越来越清晰。有一阵子，我跟这个圈子的朋友几乎都不往来了。

"当然，会这么痛苦，其实也是因为生活中其他的关系不顺利，一连串的失落交缠在一起，才会让自己那么绝望。后来有人再找我去参加活动，去帮某个刊物写稿，我都会想，那有什么用？充满了怀疑与困惑的感觉。

"事实上，理想的期待在我们的生活中是一种常态，对父母、对配偶或者是对自己的兄弟姐妹，都会有这种理想的期待。这期待算是常态吧！"

或许，彻底绝望也就遗忘了。

"是常态啊？我想起自己写过的一句话。哦，当时是怎么写的我想一下。"阿勋绞尽脑汁苦思，接着说，"我写道：'我从不希望，没有希望的人才需要希望；我从不失望，没有希望的人才会失望。'呵呵，好像很长。"

"你在说绕口令啊！"素素笑他。面对大家充满质疑的笑声，阿勋无所谓地说："所以才叫'名言'啊！"

"你刚讲到那句话时，我突然想到，你真的一生都是这样子吗？以前我们讲小时候的事，讲到给我们最多支持或最多挫折与沮丧的，都是最亲密的人，比如父母、朋友或者老师，这些都没听你提过。难道你真的从小就这么有涵养了？"浩威想追溯养成今日如老僧入定般如此有修为的阿勋，究竟经过了哪些历练。

阿勋还是维持一副波澜不惊的模样说："不是，我只是认为对事情不必期望过高，包括……"

"我的意思是，"浩威打断他，不让他有机会遁逃，"你似乎有个不一样的成长过程，才会如此。不能说是转变，因为你根本没有那种——热切期待过……嗯……热情吧。唉，我很好奇，你怎么会爱上你太太，可以问吗？"

"爱上我太太啊？"阿勋一头雾水，摸不清浩威的用意。

"是啊，假设婚姻必然包含了爱情，而有爱情自然会有期待，那就违背你刚才的名言了。"浩威说。

"哦，这问题是可以谈啦！"阿勋还是无所谓的样子，"当初我跟我太太交往时，就是一般朋友嘛，我也不是特别喜欢她，反而是她一直追我追到底，那我就……呵呵呵！"看阿勋说得如此半推半就，大家都笑翻了。我威胁阿勋："说实话啊，这段我保证一定会写的，万一让你太太看到，我是不负责的哦！"他耸耸肩，还是不在意："就是这样子啊！到后来更严重的是，她赖在我家不走，一直催我结婚。唉，伤脑筋！结就结啊，就这样。"哎呀，全无激情场面，或者浩威说的——热切期待。

"那是不是也是一种绝望呢？处久了就要给人家交代。"大姐使出激将法。

阿勋不置可否地说："就是这样子啊！"浩威看看阿勋的反应说道："似乎不方便再谈这件事了。""真的是太绝望了啦！"晴子兴味索然地嚷着，又把大家逗笑了。笑声过后是一片沉默，浩威又感叹："真的是不太好谈，因为彻底绝望也就遗忘了。"

从小到大，不曾想过要自杀的人应该很少吧？

"唉——"一声叹息幽幽地从昏暗的角落吐出，是阿陌。她以低沉而缓慢的语气说："这是我小小的绝望啦！最近碰到几个朋友，都是半年以上没见的。他们一看到我，就问我是不是生病了。我一向很注意身体，有一点小病就会去做检查，可是没做过全身检查。有一次我在报纸上看到有地方免费帮人做身体检查，想到朋友都觉得我生病了，所以我就去检查。检查过后，他们说，我的肝即将产生病变，可能会有肿瘤。我听了有些焦虑，以前也有中医说我肝不好。这次的检查结果对我造成很大的影响，感觉像是言之凿凿地被宣判了什么。

"当时我真的受到很大的惊吓，觉得还有很多事情没处理，可是又快没时间了。于是我先去买了一份保险，再跟我先生交代一些事，接着就是安排去医院检查。这段时间人家看到我还是说我脸色不好。我想，人生真的是……无法预料吧！"

阿陌独自且从容地处理事情，可真要形容自己的恐惧与惊惶却欲言又止。

回忆阿陌前几回的种种分享，想起她形容自己如孤岛的处境，串联起她的生命故事，只能感叹，此刻说什么似乎都多余。即使有人想出言安慰，也是词穷，工作坊顿时陷入一片沉默。

说起绝望，或许太难以面对。我看看大家，各自低着头，是在翻找深藏于记忆最底层的经历吗？

"从小到大，不曾想过要自杀的人应该很少吧？"为了引出话题，浩威下了剂猛药。

如果一个人对人生绝望，可能会选择自杀；如果是对另一个人绝望，那应该怎么办？

小倩想一想说："如果一个人对人生绝望，可能会选择自杀；如果对环境绝望，可能会选择逃避；如果是对另一个人绝望，那应该怎么办？"

她闪动着明亮的眸子，为后续的故事先拟了个标题，接着说："我看到的例子是我外公外婆。外婆是很坚强的农家妇女，嫁给外公算是再婚。外公是个性很自由的人，平时做水泥工，下班后就到茶店去耗着，耗到想睡觉时才回家，连晚饭都不回家吃，当然也不拿钱回家。

"外婆很辛苦，早上四五点就得出门，一天做好几份工作。她想买房子，可是外公都不帮忙。他们虽然同住一个屋檐下，却长期冷战，怨气自然是日积月累下来。外婆买了新房子后，就把旧房子让给外公住，却要跟他收房租。

"外公得了癌症过世后，外婆的怨气还是丝毫不减。尽管旁人都劝她，'人都走了，别再计较'。可是她的恨意依旧。外婆很乐观，是别人都会觉得很可亲的老太太，可是她对外公的冷酷让我无法想象。长大后我才知道，外婆会对外公那么冷酷，是因为外公曾经当众表示，他根本不爱她，他嫌弃她的外表，还说像他那样的男人怎么可能喜欢她！这让我外婆彻底绝望了。"

"后来出殡时怎么办？"浩威问。"她根本不当自己是未亡人，不参加他的葬礼。很绝情就对了。"小倩说。

"是一种恨吧！"浩威说。"是啊，从外婆的反应，我才知道，原来恨一个人可以这么恨，这么绝情。"小倩喟叹着。

下班后，想着回家后总有个人准备找我吵架，真是既害怕又烦恼，不敢回家，但是也无处可去呀！

大姐听了颇有同感。她说，在她的婚姻生活中，先是经历了激烈的冲撞，再就是冷战，最后是绝望。"在我离婚后，很多人问我，谁先提出离婚的？似乎谁先开口，就得负更多的责任。虽然我对这段婚姻早已不抱任何希望，但是先提出离婚的人是他。如果他不开口，我应该还会再拖吧。"这是大姐初次在团体中诉说她的婚姻状况，话语间已经感觉不到爱恨纠缠或者伤痛不舍，这些情绪或许早已消散了。

浩威犹豫了一下，温柔地追问着："为什么你早已对婚姻不抱希望，却不提出分手？"

大姐神情淡漠，像在表示她并无所谓，语气仍如昔日那般爽朗："结婚之前，我就不抱很高的期望。反正是年龄不小了，周围的人都觉得那个男的还不错，所以就嫁了。后来我发觉，男性在婚前追求女性时，常常伪装，所以无法看清他的真面目，等到真正生活在一起时，就会发现彼此的差异实在很大。比方说，他认为看电影、买书、买录音带都很浪费。不过婚前他会陪我去看电影，即使打瞌睡也要陪我，因为他怕我找别人去看。婚后，他就反过来要求我，不准我去做这些事。

"而他也很反对我去学插花，因为花很贵。可是我已经学很久了，不愿意放弃。于是他就常啰唆，我也反问他：'我自己赚钱，保有自己的兴趣，为什么不可以？如果你有意见，婚前怎么不说？'其实，不记得是结婚的当天还是隔天，他就在生闷气，吃完饭就出门，半夜才回来。因为他什么都不说，到现在我还不知道，自己犯了他什么忌讳。

"又有一次，我加班到很晚才回家。看他躺在床上，他说他很饿了。我赶快去做饭，做的当然都是他喜欢吃的，做完了赶紧请他起来吃。那是腊月天，我自己也还没吃，结果他竟然不起来。我虽然生气，还是耐着性子说：'你不要找我麻烦，我也很饿很累，现在是腊月天，你不吃等一下凉了，还要重新热。拜托，我真的很累了。'他这才不情愿地起来吃。反正点点滴滴累积下来，到最后我真的是绝望了。"

大姐不说则已，一说起来前尘往事涌上心头，听来让人颇觉气馁。阿勋试探着问："你有没有试着改变态度，比方说买些礼物送他？"

"当然试过啦！可是都没有用。"大姐无奈地说，在煎熬、痛苦的过程里，她读了所有跟沟通有关的书试图和解，可是徒劳无功，"记得当时，只要一到下班时间，我就很苦恼，不知道该往哪里去。站在路边等公交车，想着回去之后，有个人虎视眈眈地准备找我吵架，真是提心吊胆，可是不敢回家也无处可去呀！想起来真的很苦。离婚，我是挺安心的，因为我真的是努力过了。"

似乎等到人死了，感情不会再变了，才会有永恒。

听了大姐的故事，素素喃喃低语："我早就对爱情不抱希望，对婚姻也没有什么幻想，可是听你说的时候，还是感觉很灰心、很绝望。唉，或许一个人生活也不错。不知道从什么时候开始，我对'永恒'这两个字已经绝望了。似乎要等到人死了，感情不会再变了，才会有永恒吧。我觉得唯一不变的就是'变'，爱情、友情、亲情都一样，大概是失望太多次了吧！

"记得我第一次来参加团体时就说过，'凡事不抱希望就会有惊喜'。我意识到自己常抱着过高的期望，结果失望都很大。所以我告诉自己，尽量不要抱着希望，以免常常受伤。真的，我觉得一个人生活不错呢！"素素反复喃喃自语，听起来倒像在自我说服。受伤太多次，人也学会了如何保护自己，但是自此不敢再有所期待，真的是件好事吗？会不会也失去了什么？

"凡事不抱希望，就会有惊喜。"这也是团体中的名言之一。素素和阿勋是工作坊里创造名言的高手。素素的恐惧早在众人预料当中，大家看她失望的表情，不觉会心一笑。大姐急忙强调："虽然离婚了，可是我不会对人或者婚姻绝望。如果哪一天真的绝望了，真的是痛不欲生，我也不要活了。"

浩威接着说："我倒不觉得会痛不欲生。每个人的个性或者生活方式的某部分，或许会尝试慢慢地去适应这些转变，好让自己活下来。我刚才想到最近的绝望经历是要离开上一家服务的医院。刚去那家医院时怀抱着很大的理想，后来逐渐无法被认同。理智上告诉自己这里并非久留之地，不过还是会觉得投入很多了，同事之间关系也不错，只是管理层的问题。当时清楚地告诉自己得离开了，可是情感上还是无法接受。比方说那段时间胖得最快，吃过饭就跑去睡觉，酒也喝得最多。有的人的沮丧是开始睡不着，我的沮丧是开始睡觉和变胖。"

晴子笑问："停止活动？"

"是暂时死掉。"浩威更正。

相亲当天，我独自骑车上山，当时茶店里播放的是《天顶的月娘啊》，不知怎么的，眼泪就流下来了。

"嗯，我也要讲。"活泼的晴子又主动争取自己的发言权了。她表情生动地说，"还在念书时，曾经有几个男孩子追我，后来就完全没有了。刚出来工作时，人家觉得我还年轻，家里的人不会着急，顶多是我自己好奇，会去参加很多相亲活动。

"但年纪慢慢大了，周围的人越来越急，相亲频率也越来越高。可是很多人都是见一面后就不会再有下次了。为什么会这样？我想，或许是相亲的男人都比较喜欢乖巧的女孩，但我并不是这类型的人。在办公室里，我很少说话，同事都觉得我很文静，然后跟对方说要帮忙介绍一个乖女孩。第一印象就错了，见了面当然会失望。有的男生一见面还很不礼貌地问我：'你急着结婚吗？'我听了很生气地反问道：'你看我像是很急的样子吗？'

"让我最难堪的一次是，我和对方约好四点半在餐厅见面。

见面后一坐下来，服务员过来问要不要点餐，对方马上说不用了，顿时我就知道他对我根本没兴趣，可是拒绝的方式太直接了，让我觉得很受伤。"

平常很开朗的晴子，面露忧愁地说："本来我不排斥相亲，可是好像不太容易成功，什么时候才能碰到喜爱的人，感觉遥遥无期啊！前几次不成，或许还认为是对方的问题，到后来就不那么想了。有些心事想找人分享，可是同学们一个个都结婚了，不是很方便。只能一个人伤感，真的有些绝望。

"有一天，本来也约好时间要相亲的，对方前一天打电话来确定时间，我告诉他：'希望不要带父母出席，免得当场看不对眼还要在那里苦撑。'对方停顿一下，请示父母的意思后，回答说再联络，也就没有下文了。到了相亲当天，我独自骑车上山，记得当时茶店里播放着许景淳唱的《天顶的月娘啊》，听着听着……不知怎么的，眼泪就流了下来。"

平常很有精神，讲起话来声音总会高个几度的晴子，这么有气无力地说话，还真稀罕。虽然她叙述的相亲情节有些好笑，可是大家都忍住了。好心的阿陌赶紧安慰她："我弟常被我爸妈强迫去相亲，他总是硬着头皮去敷衍一下，或许你碰到的人刚好是这样的。"晴子摇摇头，紧咬着下唇。细心的阿陌没有忽略她细微的情感变化，轻轻地递过纸巾给她。经常被人拒绝，对自信心是很大的打击，晴子愿意坦率分享，真是难为她了。

我最恐惧的是父母对待我们的方式，影响到我对下一代的态度，我害怕自己跟他们一样。

讲起家里的事就伤心难过的阿妹，今天看来好一些了。不知上次聚会时大家给的建议是否起了疗效？浩威看她时，她也回看浩威，她知道那个注视的意思。她转过头去看素素，意味深长地说："我希望你不要因为听到我父母的婚姻或者是大姐、阿陌的婚姻状况就很绝望。我对婚姻还是抱着希望，我想，大姐和阿陌也是。我是对父母绝望。我最恐惧的是父母对待我们的方式，影响到我对下一代的态度。我真的很怕自己变得跟他们一样。

"就拿相亲这件事来说。我妈觉得只要对方有钱就好，一点都不想了解我到底喜欢怎样的人。反正长辈介绍我就去了，虚应一场，最初还是会有期待，可是一二十次下来，也逐渐麻木了。最近一次相亲，我见到对方之后，就跟我妈说我身体不舒服，下午不能跟那个男生去喝咖啡。我妈不管我的感觉，还是拼命拉拢我们，她觉得对方有钱就好了。我就气得吼我妈说：'为什么你都不想了解我的想法，我真的好伤心！'"阿妹说完，无奈地叹口气，只是这次，没有眼泪了。

"是不是就像上次的名言一样，就算我等于我妈，我找的男朋友也不会等于我爸！所以我们之间的相处模式也不会跟爸爸妈妈一样。是不是这样？"晴子露出笑容说，像是终于列出一个极为艰难的公式那般得意。阿妹被她逗得开心地笑了，两人像在互相打气。

遗忘或许是因为年纪小，或许是因为转变太大，为了避免痛苦，索性遗忘。

"我也想到了自己的经历。"阿正搔搔头、抓抓脸，小动作很多，"我书念得不是很顺利，大学念了六年半。最后一次被学校踢出来是寒假，如果不想办法拖到暑假参加补考，马上就要被调去当兵了，于是只好想尽各种名目来拖延。或许是想逃避吧，那个寒假我没有回家，不敢看到妈妈。每天只是埋头念书，事实上我没有任何把握，反正也无退路了。压力实在很大，万一没考上去当兵，女朋友也许会跑掉，想到后果不堪设想，就觉得很绝望。"

"我在想，你好像很少谈你爸爸？"浩威轻声探问。

阿正自在地回答："我在 5 岁以前，没有跟父亲相处的经历，因为我生下来没多久他就出国了。长大后还一直想不通，为什么好好一个人出去念书后回来会变成这个样子？美国的工科硕士又不是很难拿。直到去年，我伯父不小心说漏嘴，他说我爸是自费出去念书的，当时要交保证金，我爷爷骗他说这笔钱是借来的，其实根本就是我爷爷自己的钱。我爸到美国之后，爷爷就一直催他寄钱回来，因为老一辈的人总以为美国遍地黄金。后来据他同学说，我爸大概是压力太大，人变得很奇怪，书没念完就被送回来了。

"回来之后，他的病情时好时坏。长大后，我想坐下来跟他聊一聊。可是他挺聪明的，碰到一些事就闪掉。他讲的话，并不是按照一般人了解的顺序去表达，得再重新组织。他生病的时间有 25 年了，如果他现在突然好起来，对周围的人来说也许是好事，可是对他而言就很残酷。我对我爸的康复，不能说是绝望，应该是说不抱希望。"

"即使在你 5 岁时，你爸爸因为生病被送回来。可是在那之前，你难道不会对爸爸有特别的期望吗？因为那个时代去留学算是很光荣的事。"浩威再追问。

"那些记忆好像都不见了。对当时仅存的印象，就是一些照片，照片留下来的也很少。"阿正露出苦恼的表情。浩威说："会遗忘或许是因为年纪小，也或许是因为转变太大，为了避免痛苦，索性把它忘记。就像我先前提过，我爸出车祸之后，我对他有段时间的记忆几乎都洗掉了。"

我习惯逃避，因为我怕受伤。可是这样下去，人活着还有什么意思？

浩威看看挤在阿妹身边的吉吉，吉吉笑着摇摇头，浩威低声说，没关系。浩威这个点名动作，对照他逼阿勋的毫不留情，显得很轻柔，所以吉吉轻易地就躲过了。吉吉不说，素素讲了："前一阵子，我真的对婚姻感情这些事，完全沮丧、绝望了，我把这种心情告诉我的朋友，他们都骂我干吗来参加工作坊，听多了婚姻危机，把自己吓坏了。可是如果我不想这些，很多事情还是会发生，只是我不知道或者刻意忘记了，然后现在又被刺激到了。

"听到阿陌和大姐说，她们都不沮丧，还是抱着希望时，我发现自己碰到事情都是选择逃避。就算事情还没发生，我也会因为害怕失望、受伤，而凡事都不敢碰。可是这样下去，我也想过人活着还有什么意思呢？听大家都说不失望、不绝望，我也慢慢想，或许可以试着勇敢去面对，不再那么畏畏缩缩。"

素素的结语像在告诉大家，虽然受过惊吓，可是几经思考的她，以后会越挫越勇，这也算给先前安慰她的人的正向反馈吧。团体结束后，大姐和阿陌靠近素素身边，与她交谈。而吉吉和阿妹还停留在原位按兵不动，翘首聆听着她们的谈话。前辈们都在鼓励后进，不要对爱情失望，也不要对婚姻绝望。毕竟，拥有美好的情感生活，还是值得期待和追求的。

今天听大家讲"绝望"，有不同的体会。从小被灌输"人定胜天"的我，以为只要努力，凡事都可以凭着意志力改变。可是遭遇的事情多了，才发觉人是如此卑微，人的力量是如此渺小。如果凡事都被归咎于命运，那么，我们如何能更自在地面对上天的安排，不管这些遭遇是自己喜欢或者不喜欢的呢？

在"沮丧"那部分，我们曾谈到自杀的问题。其实，各种情绪很难仔细区别清楚，很多情绪彼此之间是有重叠的，沮丧和绝望这两种情绪就有很大关系。我们可以想象，一个人的心情可能是从希望开始，经历了一些事以后，开始失望，甚至更进一步地觉得沮丧，再面临绝望的过程。从这一点来看，绝望是比沮丧更深层的感觉。

这种深层并非是层次上的比较，不是说绝望是一种比沮丧更强的情绪或症状，而是指这些情绪所伴随的失落感的差异。沮丧通常是失落了原先拥有的关系或者事物；绝望是个人存在意义的完全失落，包括生命的意义等，连人世间最平凡的光或者是最永恒的东西都不见了。沮丧是因为失去了生命中某个重要的关系，但是其他的关系还联系着；绝望强调的是更深层、更全面性的失去，所有关系的意义全都消失了。

人沮丧时虽然处于低潮，但是还可以感觉周边世界的存在，即使这世界是抛弃我们的，但也是一种存在，就算某个关系不在了，世界仍有我们在乎的其他关系；绝望是连世界的存在都否定了。当我们说某个人绝望时，指的是他跟这世界的所有关系完全切断，外在世界存在与否完全与他的自我意识无关，甚至我们可以说他如同行尸走肉一般。在武侠小说里，可以找到一个绝望的典型是"灭绝师太"。当然，她是不完全符合的，根据小说里的描述，也许当年的打击发生时，她果真是绝望了，但这阶段一旦过去，持续的百分之百的"灭绝"是不可能的，因为虽然她的爱情欲望不在了，但是权力欲望还在。

所以，在通俗文化里，我们常看到的故事典型是：在一个人的生命里，对他而言，最重要的是对某些人的感情，这感情就是他的全部；当这感情消失时，他的整个世界也跟着崩溃了，他已不再有期待。绝望到极点时，也许成为行尸走肉，也许是更强烈的恨。

不过对一般人来说，造成绝望的事件似乎更多，最常见的恐怕是原来的信仰或价值观幻灭了。比方说以前曾百分之百投入的政治理念或者社会正义，或者父母所代表的道德世界，到后来发觉根本是虚幻的，甚至发现自己被欺骗了，这时候绝望就强烈地出现了。

不过，绝望也是进入另一个阶段的先兆，代表旧的阶段结束，不得不进入一个虽然还不可知的新阶段。当我们面临自己的存在危机时，旧的世界消失，新的世界还没找到，以往生活或所理解的世界完全不成立了，不过也唯有这样才能让我们有可能去寻找新世界。

情绪出路

在我们成长过程中，有时候会想问："人为什么要活着？"这样的问题在不同的阶段或多或少地出现。或许有人一辈子从来都没问过这个问题，这种人经常抱持着传统的价值观，而有的人一辈子要问好多次，在面临生存危机的时候。一个人到底要问多少次才是健康的，其实答案并不一定。回过来问："人是不是一定要自己成长？"这个问题也没有绝对的答案。可是绝望一旦发生，危机代表的是——昔日的世界不可能让自己真诚信服了，也代表着终于把一段路走完了。

刹那间，旧有的路不见了会让你恐惧，看不到新的未来会让你困惑，可是这也意味着在或长或短的时间以后，"柳暗花明又一村"。或许，柳暗花明也不足以形容这样的过程，因为我们看到的可能不是"又一村"，不是类似原来的"村"的面貌，也许是整个结构完全不同的空间，完全无法预先想象的新世界。用通俗的话来讲，也可以说："危机就是转机"，往往在危机发生时才可能转化或者说是转换生成，新的世界于是形成了。

延伸阅读

《蒙马特遗书》（2012），邱妙津著，广西师范大学出版社。

《拥抱忧伤》（2010），史蒂芬·拉维著，贵州人民出版社。

《潜水钟与蝴蝶》（2007），让－多米尼克·鲍比著，南海出版公司。

第九课

罪疚：走过黑暗的幽谷

把自己变成受害者，让对方不能离开，经常是非语言的，只需要在神色间流露出来，就可以达成目的。

可是，不断被激发出罪恶感的对方，到最后总会因疲惫而远离。

三月中旬，工作坊第九次聚会。人家说，春天后母面。这时节，天气多变。时晴时雨，时暖时凉，蜗居在地下室的我，经常从外头进来的人的穿着打扮，判断外头的天气变化。阿陌穿着轻便的休闲服来了，开朗地跟大家打招呼，神情像是看到老朋友般轻松。一会儿，浩威也来了，巡视四周，发现有人还没到，就不急着开始，随意坐下来跟大家聊天。看到浩威来了，阿勋也走了进来，亲切地叫了声"威哥"，然后在他身旁坐下。有意思的是，大家都想办法尽量不坐在王医生身旁，唯独阿勋情有独钟。即使浩威常"拷问"他，他也毫不惧怕。

　　浩威说准备开始了。阿正又在关键时刻冲了进来，嘴上啃着汉堡，急急忙忙在门边蹲坐下来。看他散乱的头发和仓促的神态，猜想他大概是飙车赶来的。他总在最后一秒匆忙现身，和阿勋慢条斯理的闲散从容，形成了有趣的对比。这是年龄所造成的差距吗？

浩威开场说："我们今天要讲的是'罪恶感'。"啊哈！素素夸张地眨眨眼，露出得意的笑容，像在炫耀："看吧！我又猜对了。"

"罪恶感在中国文化里很少被讨论，可是在西方文化中，罪恶感是很普遍的，因为西方文化经常谈原罪。有篇论文指出，中国人罹患抑郁症所表现出来的症状里，很少是因为罪恶感而起，而西方人的抑郁症患者常会有对不起上帝、对不起某人之类的观念。或许罪恶感未必都跟宗教有关，但这是他们根深蒂固的观念。"浩威说罢，停顿半晌。

回应他的是一片寂寥。他苦笑着激励大家："没关系，慢慢来，我们的团体逐渐进行到比较高难度的阶段。像上次我们讲'疏离'，虽然难谈，可是还是谈出了很多细腻的情绪。"

父母常利用罪恶感来处罚我。所以罪恶感虽然是自然而生的情绪，但也可以算是一种情感控制。

"我先说好了，免得又被点名。"短暂沉默后，吉吉突然开口，真是意外。"我每次参加工作坊回去以后就会想，为什么我总觉得对不起爸爸。好像一直有个声音对我说：'你怎么可以这样背叛？'真的，我有很深的罪恶感。爸爸对我很好，可是我却那么不孝。哎呀，在外人看来他是很好的爸爸，可是家家有本难念的经，是我要求太高了，太会钻牛角尖了吗？每次工作坊结束之后，我会自责怎么可以这样说爸爸……

"有一次，我跟同学出去玩到晚上十二点才回家。回到家里，我爸跟我说，他很焦急，差一点要去报警。我听了很生气。以前在学校念书时，经常跟同学玩到很晚才回家，又没什么大不了的。我爸一直唠叨，说他到处去打听我同学的住址和电话。我听了以后就很激烈地和他争辩，我气他不信任我。真的，别人总是觉得我有那么好的父母，可是我却不懂得珍惜，我也常常觉得对不起我爸爸。"

吉吉又说起爸爸。不论讨论什么主题，她讲的内容永远围绕着父母。可是爸爸的形象随着工作坊进行了几次，逐渐出现矛盾了。一开始是无微不至地宠爱她，让她像个小天使，现在则是让她生气、抗议的对象。为什么会有这样的转变？

浩威说："听你讲时，我就想起这种'不舒服'自己也曾经历过。在成长过程中，我爸妈常会利用罪恶感来处罚我，要我乖。父母责骂的都是'你就是要气死我，你就是要折磨我'。比方说，成绩不好是我的事，可是被他们一骂，就像是我害得他们丢脸。所以我想，罪恶感虽然是自然而生的情绪，但也算是一种情感控制。"

"对啊！"吉吉噘着嘴抱怨说，"有时候我也会像你曾经说的，想自杀啊！可是我第一个想到的是，如果我这么做，爸妈会很难过，而且很丢脸。所以我想，等他们去世了之后，如果我也想走，就能够安心快乐地走。我很羡慕我小弟，可以自由自在的，都不在乎我父母的想法。我也很想这样做，可是有另一个声音告诉我，绝对不可以背叛父母。我常常觉得很痛苦。"

妈妈要跟我讲话，我借口说来不及赶火车就跑掉了，可是在车上我居然能很专心地听别人的妈妈讲话，想到就很有罪恶感。

把抱枕拥在怀里的晴子点头，很有感触地说："我在学校很得意，跟同学都能快乐地打成一片，回到家里却变成另一个人似的。长大之后，我也曾反问自己怎么会这么极端？其实应该是很亲的家人，为什么自己都不曾付出，对他们那么冷淡。在学校时就跟同学很要好，他们赞美我、鼓励我，我也很在乎他们，可是在家里，我不喜欢跟家人在一起。想起来就觉得有些罪恶感，于是我试着去协调在家里和在外面的热情度，让两者平均一些。"我记得晴子曾说过，她幼时总被忽视、不太受宠，所以很早就赌气要自己像颗石头，不理睬家里的人。

"虽然我努力让自己慢慢平衡过来了，可是一不小心，小毛病还是会跑出来。比方说，我妈偶尔会很热情地要跟我讲话，我就没办法放下报纸好好听她说。她跟我讲话的时候，我还会边听边想等一下要做些什么，总之就不会很专心。有时候，她还没讲完，我就一溜烟地跑掉了。

"有一次我搭火车时，旁边刚好坐了个年纪比我妈还大一点的老太太。那位老太太一上车就跟我讲话。后来我发现，我竟然很专心地听。想想早上从家里出来时，我妈跟我讲话，我借口说来不及赶火车就跑掉了。现在我居然这么专心地在听别人家的妈妈讲话，想到这里我就很有罪恶感。"

晴子说完又习惯性地吐吐舌头。看她这么苦恼地忏悔，习惯安慰别人的小倩，幽默地试图化解她的罪恶感："不要紧，或许你妈妈在车上也会遇到另一个不喜欢听自己妈妈讲话，却喜欢跟别人的妈妈聊天的孩子。"小倩一说完，就逗笑了大家。

后来我知道他父亲过世后，耿耿于怀，后悔自己怎么能够对他那么坏!

唐果接着说："小学时，我有个很要好的同学，我们每天都一起回家，我偶尔还会去他家玩。后来我们喜欢上同一个女孩子，就开始争风吃醋，每次打躲避球时都会攻击对方。

"上了初中后，我们两个又不幸同班。当时我当班长，每天早上都要负责做卫生检查。那时候处罚很重，不合格的人就要被记警告。每个礼拜一例行卫生检查时，我都会特意盯他，因为他是我的情敌嘛! 我心中有些很坏的念头。"

唐果脸上又出现恶作剧式的古怪笑容："有一次我检查他的指甲，然后说：'你的指甲太长了。'他说：'不会啊! 别人也是这样。'我说：'好，那我再看看别人的。'到后来我还是觉得有点不甘心，于是再走回他面前说：'你的指甲真的太长了，而且还黑黑的。'他说不出话来了，于是我很理所当然地记下他的名字。

"当时也没什么感觉，直到我看到他的名字因为被记警告贴在公告栏上时，才觉得自己好像太过分了。后来当我知道他父亲突然过世的事情，我又更难过，觉得自己犯下了无法弥补的错误。我对这件事耿耿于怀。长大以后开同学会碰面时，我还特地跟他说：'对不起，我以前对你不好。'可是他好像都不记得了。"

　　唐果饶有兴致地说着，小倩露出不以为然的表情，皱着眉头谴责他："对啊！你以前说过，小时候就很喜欢打小报告嘛！"唐果兴奋地补充说明："对啊！记得小学时，我前面坐着一个胖胖的女生，她趁着下课偷看我的作文，我突然回到座位上，她吓了一大跳，很害怕地请求我不要告诉老师。其实发现她在看我的作文时，我心里挺高兴的。可是我很坏的念头又出来了，一上课我就举手报告了老师，老师就叫她过去打手心。

　　"我永远忘不了，当我举手时，她望着我的那种很无助、惊讶、像被出卖了的眼神。她被打完手心回来，还是一脸无辜又纳闷的表情，不知道我为什么要告诉老师。对了，还有一次，那时我们流行玩一种针，好像是附近纺织厂丢弃的。我们把针头磨得尖尖的，然后拿橡皮筋来射。我的目标还是那个胖胖的女生，她的肉厚厚的嘛，我一射就射到她的肉里，她就'啊——'的一声尖叫，我就赶快跑。"唐果想起孩童时顽皮作弄女生的情景，不禁笑开了。

　　素素皱皱眉、撇撇嘴，发出啧啧的声音，很不屑的样子。我则大叫："天啊！你有虐待倾向啊！"小倩不可思议地看看他，转过头去和素素窃窃私语。女生们几乎是同仇敌忾，似乎同时被勾起儿时被班上男同学恶作剧的回忆。

　　浩威反而笑呵呵地说："小时候我也做过很多坏事，可是都忘记了，你居然还记得。挺有意思！其实连接刚才讲的，如果换一个角度想，似乎是父母用罪恶感来掌握子女，老板用罪恶感来控制员工……"

每次闯祸时，我就故意装可怜。别人会想，那么乖的孩子，就原谅他吧！

"情人之间也是，罪恶感应该是一种感情的束缚，刚好命中对方的弱点。"阿正号称追过"十二个星座的女孩"，情场经验丰富，颇有所感地补充道。

浩威想想后说："自己好像也用过这一招。高三那年，在班上和同学发生争吵，那个同学洞察力很敏锐，他突然吼道：'你就是那样子，一副可怜兮兮的样子。'我当场翻脸，好像整个人被剥光，感觉很气愤。不过事后想想，他说得没错。每次闯祸的时候，我就装得很可怜，别人就会想：'那么乖的孩子，就原谅他吧！'"

"讲到罪恶感，让我想到今天早上听说有个同事出了车祸。我打电话过去慰问，她先生说肇事者已经逃逸了。我听到以后觉得很不可思议，怎么有人做得出这样的事，撞了人就跑掉，难道他们心里不会有罪恶感吗？"素素义愤填膺地说，整张脸涨得通红。

"对啊，那个人选择逃跑。抉择往往就在一瞬间，那是个临场反应，选择跑掉之后就不会再回来了。"唐果说。

素素很气愤，声调不自觉地高昂起来："他选择逃跑，罪恶感就跟着他了。万一他知道被撞的人受伤很严重，甚至死了，那他不是一辈子要背负着这个罪吗？"

"哦，我不觉得那是常人的反应。"浩威说。

"是啊，应该说，那种人是不正常的。"阿正接腔。

"唉，我觉得这个时代多数人遇到事情喜欢找个替罪羔羊，然后说自己是受害者，不负一点责任。所以我比较倾向自我负责。老公是我自己挑的，我自己负责；工作是我自己找的，我也自己负责，不必去找别人负责或者挑起谁的罪恶感。当然，别人也不要把罪恶感加在我身上，各人做的事各人负责。

"像我爸爸一抱怨，全家就不得安宁，所有的人都得让他随心所欲，好像做子女的不帮他很不应该。后来我想通了，这不完全是我的责任，我要学习适可而止。不管谁都不应该利用罪恶感来多做要求。当然，我有时候也会觉得自己做人太有原则了，不够圆滑，因此自绝于很多东西之外。"说到这里，阿陌不依赖任何人的孤岛本色又显露出来了，"为了让生活可以继续下去，我会合理化我的罪恶感。反正人都是会犯错的，不要回头看，往前走就是了。"

那眼神像是在说："这个男人真好色！"我真的好色吗？愧疚的感觉突然出现。

"我觉得罪恶感是自己在某种情形下，照见了自己的丑恶或心虚。"涵养高深的阿勋这么定义罪恶感。怎样的经历才会引发他的罪恶感呢？浩威转过头去表示好奇。

"嘿嘿……"他干笑两声说，"有一次我在路上碰到一对火辣女郎，我也不知道是不是人妖。反正就是有很长的头发，身材凹凸有致，而且两个人都穿红色低胸吊带和迷你裙。当时她们两个正要共骑一辆摩托车，一个女孩坐前头，我就很好奇另一个女孩要怎么坐？是侧坐呢？还是跨坐？侧坐很危险，座位那么小，很容易跌下来。"

阿勋尴尬地笑着要进入精彩处，他瞄了瞄大家的反应，停顿了一下继续说："如果是跨坐嘛！嘻嘻……我就有机可乘了。我站在那儿等着看，我真的看见她的内裤了。后来她们从我旁边经过时，后座的那个女孩瞪了我一眼。不是很凶狠地瞪一眼，是多留意一下那样的瞪一眼。当时我内心的愧疚感突然上升，她的眼神像在告诉我：'你这个男人真好色！'我真的好色吗？很羞愧自己为什么想看。"

阿勋讲出罪恶感的同时，我脑海中浮现出在日本街头收购高中女生内衣裤的"色色大叔"的形象，忍不住想笑。可是，就算我遇见那么美艳火辣的场面，应该也会好奇吧。如果以女性的角色停下来看，也会觉得有罪恶感吗？

在工作坊中，早已树立"风流浪子"形象的阿正，戏谑地问："嘻嘻，大哥看见的内裤，也是红色的吗？"惹来众人大笑后，阿正才认真说道："我呢，就跟你不一样。如果她瞪我，我还是会继续看。对啊！穿得这么短，本来就是要'秀'的嘛，我只是配合当个观众啊！大哥说的例子，让我想起萨特在《存在与虚无》里提到，他通过钥匙孔去窥视另一个房间，却看到钥匙孔里有另一个人的眼睛在看他，突然间他觉得羞耻感就跑出来了。"

罪恶感真是纯个人的东西。同样的窥探，阿勋的罪恶警示灯早已"嘀嘀嘀"地亮起，阿正却毫不认为有何愧疚可言。罪恶感到底是怎么被召唤出来的呢？

人可以借由考古学家的挖掘过程，发觉自己以为已经遗忘的记忆。

感觉是个浪子，现实生活里很严谨认真的阿正说："小时候我念的是天主教办的幼儿园，有一年圣诞节，老师们居然指定我来扮演圣诞老人。奇怪吧，从小到大都没胖过，居然要我演圣诞老人。现在家里还有一张照片，是当时留下来的。看后自己觉得很丢脸，从没看过圣诞老人装礼物的袋子是拖着走的，因为根本背不动啊！不知道是不是觉得自己没把事情做好，后来我长大回学校，园长跟我说我表演完以后，自己还跑到教堂里去跪着忏悔。

"我一听，心想怎么可能？我那么小会做出这种事？后来我想，人真的可以借由考古学家的挖掘过程，慢慢挖掘出一些自己以为已经遗忘的记忆。就像我在上高中之前，立志要当神父，上了高中后发觉自己太喜欢看女孩子了，才改变志向。曾经有段时间我想念神学院，后来没这么做，对我自己造成很大的压力与罪恶感。"听起来挺有意思的，年纪那么小的阿正，居然已经有忏悔的概念，浩威笑呵呵地叹道："真的挺特别的！"

不笑时，脸部表情有些冰冷的大姐，似乎习于绷紧神经。她说只要自己一偷懒，就会产生罪恶感。"我想，可能跟父母亲的教育观念有关。从小只要一偷懒就会被斥责。所以，现在我只要察觉自己松懈下来，就会有罪恶感，很少会偷懒。譬如，早上应该几点起床，衣服几天要洗，工作应该达到怎样的业绩。医生警告我，再这样下去我会过劳死，可是我还是无法停止努力工作。"大姐扯着沙哑的嗓子说。

阿正突然拍了一下大腿，像遇见知己般兴奋地说："我也是呢！我到现在还很害怕自己偷懒。我还是个学生，如果每天没看几页书，晚上临睡前，愧疚感就很深。大姐这么一说，我很有共鸣呢！"

其实，我也是。尽管已经毕业多年，如果日常生活中没把事情做好，晚上睡觉时，就会梦见学校要考试了，自己却还没准备好，或者功课没写完之类的，让自己大汗淋漓地从睡梦中惊醒。罪恶感可能是埋伏在每个人心中的纠察队，平常无法具体察觉，不经意时就会伺机而出，控制力无所不在啊！

处于亲密关系中的情侣，如果真有第三者介入，究竟可以忍受到什么程度？

"有件事情未必跟罪恶感有关，不过，让我对自己有了新的了解。"大姐换了坐姿，接着说，"前几年我交了个男朋友，彼此很清楚，到了这个年纪，也不期待一定要走入婚姻，只是相互认定彼此是个伴儿。后来我发现他有其他的女朋友时，我做了很多蠢事，连我自己都没有想到，我竟会斤斤计较到这种程度。

"还没离婚时，我告诉我先生：'如果你在我面前说有其他女人，我不能忍受；如果是别人看到，我不知道，那我就睁只眼闭只眼。'可是当我跟这个男朋友在一起时，就完全不一样了。我变得很小心眼儿又很小气，会去偷翻他身边的东西。或者看他拨电话，他一出家门，我就再按重拨键，这样就可以知道他拨的电话号码，我真的很讶异自己居然会有这样的反应。

"这样纠葛了很长一段时间，其实我心里是很痛的。后来我觉得不应该再沉溺在那种关系里，就慢慢疏远他了。一开始对方还是会打电话来，可是我都不回应，我也没有告诉他为什么。就这样躲了他一年多，才完全没了联络。"

"唉，"大姐轻轻地叹口气说，"就算没有婚姻的约束，在亲密关系中的情侣，如果真有第三者介入，究竟可以忍受到什么程度？我自己对这部分有了新的了解，我不能忍受，真的不能忍受。"

大姐重复说着不能忍受时，出现和平常的果决、理性完全不同的面貌。浩威若有所感地接着说："听很多朋友说，夫妻两个人一起去看电影《廊桥遗梦》，结果两个人都变得很尴尬。"

"为什么会变得很尴尬？"小倩疑惑地问。

"夫妻之间，理智上都认为应该给对方一个箱子，不要打开，不要去碰，可是共同去看那部电影时，就变得很尴尬。因为是一起在对方的面前，想到对方的箱子，而且还去打开那个箱子。其实就那个箱子来说，并不是配偶之间才有，包括父亲、母亲和孩子之间，都可能是我知道我有那个箱子，你也知道我有，我也知道你知道我有，但就是都不能说。"

浩威神色漠然地说："我觉得自己像座孤岛，很久没有违背人家期待的感觉了。一直到父亲过世后，姐姐告诉我这个消息。听到时感觉很强烈，那时候我一边开车，一边把累积的感觉翻出来。在我成长的过程中，父母常利用罪恶感要我乖，那种感觉让我很不舒服。后来因为出去念书，很少回家，慢慢可以看出这是一种情感的控制。所以吉吉讲到对父母的愧疚时，对我来说，那已经是遥远、陌生的感觉了。唉，到底是变成孤岛好呢，还是留在亲密关系中，抑或为着违背别人的期待而变得有罪恶感好呢？要怎么选择才是对的，其实也很难说。"

夜深了，人也倦了，我不经意瞥见晴子已经悄悄地打起瞌睡来，素素看着她直笑，却好心地不吵醒她。今天讲罪恶感时，听到很多的"不应该不应该不应该"，也有很多很多被当事人再三叮咛绝对不能对外公开的故事，或许这就是"罪恶感"吧。

从外头绵绵不断的春雨里走来，进入这个地下室的小房间里，生命仿佛在此暂时抛去所有负担，伴着昏黄的灯光，和一屋子相识未久的陌生人，重新联结彼此遥远的遗忘了的过去。诉说的故事有远有近，还有更多的，是深藏在记忆底层不经意被他人的故事勾引出来，等着回家后再慢慢回味、咀嚼的。会感觉痛苦吗？

记录工作坊进行实况的录音机，已经停止录音，若问我的感觉如何？可能缺乏代表性吧。活动室里众人逐渐散去，不过仍有些舍不得离去的人围绕成圈圈，意犹未尽地聊着呢！

王浩威的情绪笔记

如果我们将"guilty"翻译成"罪疚"之类的字眼，那么在西方文化中"guilty"的经历比较普遍，在东方就相对少了许多。关于这点，可能要从定义问题讨论起。在西方的文化里，原罪的观念普遍存在。人的出生已带着原罪，如同亚当偷尝禁果被逐出伊甸园，自然而然地，从小就有对不起上帝、辜负上帝对人的期待等的罪恶感。基本上，西方对神的概念，与我们真的很不同。西方哲学家一贯的讨论核心，就在于人如何跟内心的上帝对话。

在相关的临床报告中提到，中国人罹患抑郁症所表现的症状里，很少出现对天、地、神的罪恶感。相反地，反而经常觉得自己对不起身边最亲密的人，强烈地感到缩小范围的罪疚。这是很有趣的差别。我们当然也会敬畏鬼神，却还是更在乎自己身边的人，经常对家庭内的亲密关系、工作关系或者是情感关系，怀抱着亏欠的感觉。这种罪恶感跟西方的"guilty"是有差异的。

在台湾这么现代化、核心家庭更彻底、个人主义抬头的社会情境下，传统家族结构中的基本观念，包括孝道、情义等，还是在我们身上继续发生作用。我们谈自己对别人应负的道义与责任，却很少谈个人的责任义务问题。相对地，在西方社会里，人与人之间的责任义务是清楚分明的，"自我"与"他人"之间明确界定的责任义务，完全诉诸自身的责任感来加强自我纪律。可是在台湾，尽管说是现代化社会，整个观念却又停留在旧社会，卡在一种尴尬状况下，个人既要求独立与权利，可是一遇到问题，就习惯跳回传统的家庭关系里来逃避。

　　另外值得注意的是，在亲密关系中，我们不断地利用罪恶感来控制对方，这个现象虽然不被大家承认，但有些时候是非常清楚的。比方说，当我想要求对方给我更多时，西方人的方式是提出来直接明说："为什么你必须给我更多？为什么我有权利要求更多？"可是在我们的文化中，对自我权利与义务的要求，还不被允许能够如此明确成熟时，也就不敢提出任何合理的理由来要求别人，反而会以自己受到委屈或伤害，企图引导对方认为自己是加害者，就像在亲子之间或是情人之间，常会以激发对方的罪恶感来要求对方，而不愿意谈清楚彼此间的责任与义务。

　　把自己变成受害者，让对方不能离开，经常是非语言的，只需要在神色间流露出来就可以达到目的。不过问题是，不断被激发出罪恶感的对方，久而久之也会疲惫的。毕竟任何人都不愿意被当作"坏人"，就算是坏，也希望自己的坏是在能够改善的范围内。可是两人之间如果有一方始终利用罪恶感与对方相处，借此间接要求对方，甚至操控对方，如此持续下去，总有一天，对方一定很不喜欢关系当中的自己，他也许不明白整个过程究竟是怎么回事，但是疲惫、自责和困惑会导致其选择远离。

因为只要一进入这样的关系里，就会从对方的反应中看到自己的坏，这其实是一件很痛苦的事，没有人能长久承受自己真是如此的坏，索性也就从这段关系中自我放逐出去。所以，有时候情人之间的分手，可能没有吵架，只是因为一些琐碎的事，只不过是长期的疲惫堆积后却又说不出原因的结果。

在中国人的家庭里，亲子间的感情互动本来就很少，而父母还是常利用失望等各种乍看是父母自己受伤害的样貌，引导子女产生罪恶感，以至于孩子看到父母亲就会觉得自己的表现对不起父母，觉得自己应该更努力、对父母更好。可是随着子女逐年长大，越来越察觉到父母的期望（这时可能也内化成自我的期望了）是不可能达到的，就会开始疲累。当他感到无力、不知所措时，就会有股力量驱逐他离开这个让他充满罪恶感的家。

事实上，亲密议题恐怕是大部分的中国家庭都得思考的问题，尤其是已经进入现代化社会，这个问题显得更重要。因为在越亲密的关系里，我们越不习惯要求自己应取得的权利的同时，通常也越可能逃避自己的责任和义务。我们或许可以学着在要求获得自己的权利时，无须羞涩不安，因为这真的是自己应有的。相反地，能明确说清楚个人的权利和责任，才是现代社会真正的健康。

情绪出路

　　在目前的社会变迁下,"罪恶感"已成为生活中的问题时,我们可以看到两种人:一种人是留在原来的关系里继续承受,扮演传统的角色。采取这种方式的人在我们的工作坊团体里几乎没有,也许是因为这种会主动来参加成长团体的行为,其实是相当西方的,所以在成长团体里,几乎不太可能遇到那种在传统家庭中任劳任怨的人。

　　另一种人是会去思考这个问题的人,他们通常不是因思想被影响,而是因为真正的生活遭遇了困境,让自己不得不去面对这个问题。所有的痛苦都来自变迁中的过渡期,传统和现代之间的过渡。对很多现代人来说,不知所措地离家出走,就像浪子,唯有通过离家,历经流浪一般的成长探索,才有能力再回家,有能力在亲密关系里清楚地要求自己的权利,同时也心甘情愿履行自己的责任。

　　所以,这个问题如果发生了,你开始感觉到这种罪恶感造成的压力,或许得"保持距离"才能想清楚而找到出路。在第一个阶段可以先用合适的方式离家,比方说工作或升学,这似乎是必要的过程;再者,可以从比较远的朋友或同事开始,学习保持不卑不亢的态度来要求自己的权利。不要一谈到自己的权利时，就觉得不好意思，那是"卑"；或者觉得自己已经压抑太久，一讲出来就出现爆炸性的表达方式，那也不好。自己所在位置应有的责任和义务，自然也会在这一过程中被明确界定。

延伸阅读

《自我的追寻》（2013），艾·弗洛姆著，上海译文出版社。

第十课

快乐：其实不等于罪恶

真能放开心怀去快乐吗？

如果我们永远在意别人的眼神，连短暂的放松也有压力，

那么，我们或许已经不知不觉丧失了快乐的能力。

工作坊第十次聚会在春假期间。晚上七点一到，人还来得不多。早到的大姐边喝着茶，边和阿陌聊着身体检查的结果。素素进来时，小倩"哦"了一声，吸引了大家的目光往门边看去。扎着辫子的素素，胸前挂了一副太阳眼镜，手上捧着大把的海芋。她的出现，让夜晚的地下室渗进了午后的阳光。房间内的情绪顿时被渲染得很高昂，刚刚在一旁打盹儿的晴子，一睁开眼睛，就忙问素素到哪里逍遥去了。

　　话题围绕着阳明山时，浩威来了，又是笑意又是歉意，说他刚结束演讲赶来。还气喘吁吁的他，喝着大姐殷勤递过来的茶，缓缓地松了一口气。浩威说，这次我们要讲点正面的情绪了。

　　晴子娇声问："什么是正面情绪啊？"

　　浩威笑着回答说："前几次讲的都是负面的情绪，这次我们要讲的是正面情绪。不过，正面情绪也不太好讲。其实，我们不仅很少谈不快乐的情绪，即使连快乐的情绪也很少谈。我们很少说，

'今天很快乐'，也不常说，'今天心情不好'。"看到素素嘟着嘴不以为然的表情，浩威赶紧补充说："至少男性是这样啦！"

"我想题目时，想到愉悦、激情，似乎都跟性有关。我考虑过，要不要分享彼此的性经验。如果有人愿意谈当然很好，但是团体成员之间并没有足够的亲密感，突然之间把话题转来谈性的愉悦，似乎太快。所以我们还是讲讲个人最近的正面情绪吧，我会这样讲是因为，我似乎好久没有正面的情绪了。"浩威很有意思，通常都是他举个例子，大家开始七嘴八舌地回应，经验丰富的人还可以举一反三。浩威现在先说没有正面情绪，无法引出话题，工作坊顿时又陷入短暂沉默。

寿司一入口，我觉得周围都安静了，脑袋一片空白，只剩下嘴里咀嚼的声音，高兴得眼泪都快掉下来了。

浩威不以为意，悠然地拿起饼干往嘴里送。不耐静默的小倩，主动开口化解僵局。现实生活中担任小主管的她，习惯领导统筹，做事应该很有效率吧。每当团体一静下来，大家常会默契地等待她或者大姐先发言，她们都是善于协调和解围的人。

红润的唇色映衬着白皙的脸庞，小倩眼神发亮地说："最近一次正面的情绪，其实挺感官的，就是吃到非常好吃的东西，让我到现在还忘不了的好吃。有部漫画叫《将太的寿司》，书里描述寿司好吃的程度简直到了不可思议的地步。将太参加比赛时做握寿司，书中形容醋饭和鱼肉再加点芥末，味道完全融合，放进口中马上就化掉了。看漫画时，我想，那怎么可能，生鱼肉怎可能化掉？可是……啊……我开始流口水了。"

小倩伸出舌头舔舔嘴唇，做了个垂涎欲滴的表情："有一次，我在巷子里的日本料理店点了握寿司，那天的握寿司真是令人惊喜，简直到了入口即化的地步。那是晚餐时间，旁边很多人在吃饭，很吵。可是寿司一入口，我觉得周围都安静了，脑袋一片空白，只剩下嘴里咀嚼的声音。当时的感觉真是好高兴好高兴，眼泪都快掉下来了，真的好好吃好好吃好好吃……"

"在哪里啊？""是哪一家？"当下每个人都很心动，纷纷询问小倩那店的地址。惊喜过后的小倩，神色转为黯然："后来我满心期待地再去，就不曾再吃到那天的滋味了。不知道是换了师傅，还是那天师傅的心情特别好，总之那感觉就不再有了。可是也因为只有那么珍贵的一次，所以我念念不忘。那真的是可遇而不可求的吧！后来我想，为什么那天我会那么感动？大概是因为我的嗅觉已经慢慢退化，快要闻不到味道了，吃东西时只能依靠味觉来感应，所以吃到好吃的东西，真的很感动，觉得世界上只剩下我和握寿司了。"

真的这么好吃吗？还没吃晚饭的我，不自觉地咽着口水，听小倩这样叙述，吃到世界只剩下自己和握寿司，真是让人悠然神往的境界。

我第一次坐云霄飞车都叫不出来，太刺激了，嘴巴只能傻傻地张着，口水直流，好像中风。

像是兴奋的引线被点燃，晒了一整个下午灿烂阳光的素素，快乐地嚷道："最近一次很兴奋的经历，是在游乐园里开怀大叫，叫得很开心！叫出来的感觉真的很舒服。我曾经参加过一个工作坊，每次听别人讲自己的生命经历，我都会哭得稀里哗啦，同伴们还笑说我是用水做的。其中有一次，哭到情绪都崩溃了，实在没办法控制。到最后老师实在没办法，就让我叫出来。可是我不敢叫，真的叫不出来，到后来被逼到非叫不可，我就叫出来了，声音是从丹田出来的，好像在做发声练习。

"叫出来时，我有种释放的感觉。以后跟朋友上山，我都会怂恿他们一起喊，喊过的人也都觉得很舒服，因为这辈子都没这样喊过呢。喊出来真的很过瘾，我常到山上让自己尽情地大喊大叫。"素素曾经提过，曾忘情地对着山谷大叫："死女人！你去死吧！"来宣泄日常生活的怒气，原来这样的放松是训练出来的。素素述说时，比手画脚，声音还兴奋得直发抖，阳光的她，今天真的很快乐。

小倩也开心地附和："能不能叫出来感觉相差很多。我第一次坐云霄飞车，是跟不太熟的朋友在一起，从头到尾都叫不出来，因为太刺激了，肌肉紧绷，嘴巴傻傻地张着，口水直流，好像中风。下来之后还要抹'擦劳灭'（一种药膏）让嘴巴的肌肉能够放松，才有办法合起来。"

"哈哈哈……"众人大笑，很难想象成串滴流的口水挂在小倩唇边，她今天还穿着白色连身洋装，像个优雅的公主。小倩也笑得上气不接下气地说："第二次我跟很熟的朋友去，坐坡度很小的云霄飞车，因为我很害怕下坠的感觉，所以还没往下坠，我就已经尖叫了，叫到后来，前面的老外都回过头来看我，好可笑啊！"

"你一讲，我就想到学跳舞的经历，"浩威看着兴奋的小倩说，"我以前不只是声音，连身体都很难放松，去跳舞也跳得别别扭扭。后来真正体会什么叫跳舞，是有一次在学校里参加本地同学办的舞会。

"以前参加舞会，不免会顾虑跳得那么难看，同学一定会笑。可是那天大家都很尽兴，那种尽兴是会感染人的，大家都太快乐而没时间看你，因此反而自由自在。你会觉得，哦，跳舞原来可以这么快乐。参加那次舞会后，以后再参加其他的舞会，我都可以很快进入状态，收获真的挺大的。可是坐云霄飞车，我还是叫不出来，比较像中风。我想可能是性别的关系，同行的都是男性，所以会觉得不应该叫。"

"意思是说，实际上你想叫，但顾及男性自尊，所以不敢叫？"素素下的结论像在嘲笑浩威。

"我想或许有关系吧！"浩威苦笑着说。

"不会啊，我先生也叫得很厉害呢！"小倩难得不仁慈地提出反证。

我运用一些"技巧"赢得大奖，高兴得又叫又跳。

小倩和素素的快乐，像春天的微风吹拂过整个房间，搔得我心痒痒的。先前讲起负面情绪，我总会撑到最后，被浩威点名了才开口分享，可是今天的情绪被感染得很高昂，不待浩威点名，我就先说了："最近一次情绪激动得很厉害，是年终抽奖的时候。我们玩游戏，先连成五条线的人就可以选奖品。玩这种游戏我可是有技巧的，不是完全靠运气。"我说到这里暂停，享受大家的好奇，像魔术表演似的慢慢现出压箱宝物。

"首先，要在脑海里充满胜利意识，然后把强烈的脑电波发出去，影响抽号码球的人帮你抽到想要的号码。我就是运用这种技巧，帮自己赢得一台电视。有同事没来，所以我也帮她玩了一次，居然又赢了一台电视。我真的好高兴，又跳又叫，兴奋得发抖。后来同事们都把单子交给我，我也陆陆续续帮他们赢得了奖品，我快乐得满场跑，觉得自己很厉害、很了不起。"我擦擦眼角因为太过兴奋而流出的泪水，瞬间我听到小倩惊叹："她到现在还很兴奋哪！眼泪都流出来了。"

"后来，有个老是不能赢的同事，不耐烦地跟我说：'你干吗跑来跑去啊！'顿时，我好像被当头棒喝。以前不是有个人叫谢安还是谢玄的，有人来告诉他军队打了胜仗，他还是很镇定地把棋下完，后来人家发现他的木屐因为压抑兴奋之情而踩断了，这才是有大将之风的人嘛！沉得住气。而我就是那种小眼睛、小鼻子的小人，赢了一台电视就高兴得不得了，实在太得意忘形了。"

我把大奖抽走了，表示别人中大奖的机会变小了，真是'几家欢乐几家愁'，我的快乐导致别人的哀愁，我太不应该了，我的脑海里顿时充满了谴责快乐的形容词。

浩威笑着说："你何不想成是'一家烤肉万家香'呢！"

"电视怎么会像烤肉呢？又不能切块分给人家吃。"我无奈地说。

角落边的晴子带着无辜的语气搭腔说："我也常有这种想法，比方说考试考得不错，或者是被老师称赞，觉得很高兴，可是接下来就会发生一些不幸的事，后来我就把那种日子定为'倒霉日'。

"初二时，老师问我：'你的偶像是谁？'我说是国父孙中山啊！高中时同学问我：'你怎么喜怒都不形于色？'我就回答她：'你看国父孙中山的遗像有大笑吗？'"

哈哈哈，国父孙中山的形象跟眼前的晴子，似乎完全是两回事，但是晴子还是一本正经的，把大家都逗笑了。

一群鸟飞下来，离我很近，我不敢动，但内心非常感动。

唐果的笑声最放肆，大家笑完，看着他又笑了一阵子才停下来，披着一头乱发的他说："有一次，我一个人骑车到新中横玩，沿途感觉不错，看到乌鸦、斑鸠，骑了好久，很高兴，后来经过一个树洞时，听到"哗——"的声音，我预感会看到什么，就把车子停下来，钻进另一个树洞里坐着，然后一动也不动，我整个人很放松地坐着休息。

"大概过了15分钟吧，有一群冠羽画眉飞下来，离我很近，我不敢转头看，因为怕一动它们就飞走了。那天下午很安静，四周没有任何声音，只有鸟叫声，而且就在我耳边。再过一下子，又有一大群金翼白眉飞下来，我突然发觉头顶上非常热闹，当时我一动也不敢动，感觉像在做梦哪！

"我以前也赏过鸟，却从没有这么接近，那就像一个你很喜欢的人，突然来到你身边，很亲切地跟你讲话。虽然完全不用语言，可是我做到了让它们安心地在我身边出现，那真的是预期之外的事，当然还得靠运气，所以我觉得好像意外中大奖那样，感动得一直起鸡皮疙瘩。"

唐果的眼神投向远处，神情陶醉，犹如回到那个下午的奇遇幻境中。可遇不可求的，他喃喃地又说了一遍。

有一次登山，感受到"坐看云起时"的乐趣，尽管登山的人很多，自己却像已经进入另一个世界了。

浩威望着他，美好的记忆也被引出来，但是他的语调很平缓："这种说是'高峰经验'也好，或者说是'出神'也罢，我自己也有这样的经历，觉得很幸福。印象是在爬奇莱山时。有一天比较早扎营，就轻装去攻一个顶，攻上去要下来时，因为地形，一边是草坪，一边是完全垂直的断崖，而刚好一面有阳光，另一面是云，就看着云从山谷里涌上来。仿佛古人所讲的：'坐看云起时。'世界变得很宁静，尽管登山的人很多，自己却像已经进入另一个世界了。

"这样的感觉，该怎么讲，是不经意的感动吗？很难说清楚。以前写稿真的很快乐，尤其是自己想要提出有创造性的看法或评论时。因为每次想要对事情做一个比较完整的评论，就会想很久，不得不拖稿，因为怎么想都觉得不完整，所以都得拖到最后一刻。有时候告诉自己今天一定要写出来，回家先睡一觉，起来后就提笔，越写越顺，越写越快乐，一个晚上可以写六七千字，自己觉得写得掷地有声，感觉就像吃了人参果。不过，那是一种得意也好、感动也罢，但离狂热的兴奋还是有些遥远。"浩威的语气更平淡了，而且还带点落寞，看样子他真的是缺乏快乐的感觉太久了。先前大家都讲得眼神发亮、声音发颤、手舞足蹈、兴奋到流泪，但是快乐的滋味在浩威口中形容起来，却平淡无味。方才激起的高亢情绪，传递到他这儿，仿佛戛然而止。

我从小被教育要避免"乐极生悲"，而不是"及时行乐"。我担心自己真能享受快乐吗？

大姐像是一点也不意外地接着说："这就是'高峰经验'的缺点吧，因为爬到高峰之后，一定要往下掉啊！就算维持在高峰，还是会觉得'高处不胜寒'。像吃了好吃的东西，看了好看的表演，听了好听的音乐，这些都可以让自己感到快乐，可是之后呢？标准会越来越高，才能刺激你达到相同的快乐。所以像快乐这种情绪，我有一些障碍，会警惕自己不要太快乐！我怀疑在尽情享受后会有恶果。像刚才谈赏鸟，我会想到'玩物丧志'。"

"啊，你真的好痛苦。人家说社会在压抑我们快乐，你是自己在压抑自己。"浩威说。

大姐声音沙哑着说："是啊，我也跟我妹妹讨论过，这可能跟从小接受到的教育有关。我比较相信的是'乐极生悲'，而不是'有花堪折直须折'。今天天气很好，可是明天或许会有倾盆大雨。当我快乐时，乐极生悲、得意忘形这些字眼会跑出来，我担心自己真能去享受吗？

"我小时候很喜欢抓金龟子玩，可是金龟子又很爱停在玻璃窗上，所以小孩子就很容易聚在窗边玩。玩得高兴时，糟了！把人家的橱窗打破了，回家要被打惨了。还有一次，我跑去外面玩跳格子游戏，玩的时候把拖鞋放在一旁，后来家人叫吃饭，就急忙跑回家，拖鞋也不见了，回家后被修理得很惨。以后出去玩，我就会提醒自己不要太忘形，要记得把鞋子穿回家。"

看到有人同情地看着她，大姐又说："还有我来台北考高中，发榜时同学跑来告诉我我考上台北市立第一女子高级中学了。我很高兴，赶快告诉父母，让他们分享我的快乐。爸爸竟然冷冰冰地跟我说：'你别高兴得太早，搞不好人家骗你，故意耍你，让你白高兴一场。'我当场愣住了，他的表情我到现在还记得，当时觉得很难堪，还跑到浴室掉眼泪。我想自己是被家庭压抑得不习惯快乐，总会警惕自己快乐之后不知会有什么恶果。"

听着大姐一口气举出一堆"快乐后就会遭殃"的例子，浩威感慨地说："小时候，快乐好像是一种不乖或是一种罪恶。"

不是每个延迟拿糖果的人，都能获得大成就，说不定他的抑郁症会比马上得到满足的人严重很多。

素素皱着眉头，不明白为何要把自己压抑得这么苦："我的喜怒哀乐全写在脸上，通常没经过考虑，情绪就直接出去了，不过后来都会后悔，觉得自己太傻了！"

"这样难道不好吗？"浩威问。

素素看着他，带着无辜的表情回应："可是这样不符合《情商》那本书要求的'控制愤怒，延迟满足'的标准。我应该稍微控制一下自己的脾气，让修养好一点。"

浩威说："我不赞成控制愤怒。愤怒应该是被理解而不是被控制，控制只是把爆发点延后。至于谈到延迟满足，我觉得'满足'这翻译有点问题，如果说是'延迟快乐'，那就会变得不太快乐了。而且书里提到，延迟去拿糖果的孩子，也就是所谓延迟快乐的人，将来成就比较大。

"可是，到底什么是成就，是一般定义的社会地位、财富累积吗？这个值得再讨论。或许这辈子有几次像唐果经历的那种'出神'的感动，还会觉得人生不错。而且不是每一个延迟拿糖果的人，都能得到大成就，万一没达到那样大的成就，他的挫折感会怎么表现？说不定他的抑郁症会比马上得到满足的人严重很多。这些书里都没提到。"

虽然快乐很值得享受，可是我在悲哀中的感受更多。

平日很爱讲话的阿正，今天却沉默着。浩威看看他，他也看看浩威，较劲的结果是，阿正认输了，笑着说："今天一开始，我就努力想要讲什么呢？想了半天还是想不出来。刚才跑去上厕所，又抽了根烟，唉，还是想不出来。"

"为什么呢？这也是我要问你的。"阿正的困窘，浩威早已观察到了。

阿正脸上的困惑多于平日的自信："快乐对我来讲，不是没有，只是很快就过去了，记忆不深。倒不是说乐极生悲，只是快乐的重量对我来说，感觉没那么重。我不认为快乐和悲哀有必然的联系，快乐是很值得享受，可是我在悲哀中的感受更多。

"我曾经抽奖抽中冰箱，那瞬间真的很高兴，可是过后就觉得无聊；吃东西嘛，也不会特意去挑好吃的；每天都走固定的路线回家，也不会换条好玩的路线；金榜题名固然高兴，可是兴奋一下也就过去了，所以快乐的记忆很难回想。硬要说的话，听音乐让我很快乐，可以什么都不想。新到一个地方或者接触到似曾相识的人、事、物，也会让我觉得快乐，像是能够暂时抽离现实环境的感觉，还不错。"

感觉又酷又敢玩的阿正，应该很能及时行乐，没想到他竟然说无法享受快乐，浩威不理解地说："这跟你平常给人家看到的不太一样。"

阿正说："是啊，不过跟我很熟的朋友，都知道我平常就是靠着这一面——不太有变化、很固定的这面在运作。我刚才想到亚里士多德说过，每个人都会生气，可是不是每个人都会在恰当的时间点生气。我觉得快乐也是这样，每个人都会快乐，重点是时间的问题，有没有恰当的时间来快乐。"

"为什么要有恰当的时间？愤怒常带来毁灭性的结果，所以要找恰当的时间点生气，这可以理解。可是快乐的破坏性应该差很多吧，为什么那么在乎时间点？"浩威问。

"嗯，比方说你很快乐，快乐过头了，刚好身边的人很悲伤，你把快乐表现出来，就不太对劲了。"

浩威问："所以你要等大家都快乐后，你才敢快乐？"

"没有啦！范仲淹讲'后天下之乐而乐'。那真是太伟大了！"阿正不好意思地分辩。

为什么不能做个快乐的知识分子，或者做一个乐天派呢？这句话点醒了我。

浩威表情严肃地说："我对刚才讲的'快乐等于罪恶'很在意，可能跟自己的经历有关吧！我一直到大学才学会跳舞，不过还是觉得不应该去参加舞会。以前在学校的时候，社团的学弟学妹在我面前都不敢笑，好像我不怒而威，他们很怕我。后来有个很重要的转折点，就是我碰到一个朋友——王菲林。

"我当时很爱思考，把生命弄得很沉重，真的是以天下为己任。投入社团后，很多的困惑都发生了，原来的价值观产生动摇，就在那时候碰到了王菲林。我参加的是马克思的读书会，那时还得偷偷摸摸地进行，我们读的是很严肃的《资本论》。每次读书会结束时，王菲林会说：'我们去跳舞吧！'我当时心想，我们在讲无产阶级的痛苦，应该是以天下为己任的，必须很自虐、很苦才对，怎么可以去跳舞？心里很矛盾。

"他一开始用激将法跟我们说：'去认识社会现实吧！'每次都带我们去最刺激的地方。后来有一次跟他聊天，他说：'为什么不能做一个快乐的知识分子，或者做一个乐天派呢？'这句话点醒了我。后来再碰到社团的学弟学妹，他们都觉得眼前的王浩威不是他们以前认识的王浩威了。"

浩威微低着头，盯着面前的小茶几说："我觉得对自己影响很深的两件事，一件是我爸出车祸，那段记忆我全失去了；另一件是自己得了慢性肾脏炎，病了两年多。这些事情都会让安全感慢慢消失，而要想办法让自己活下来，个性上可能会因此对快乐充满罪恶感。我想范仲淹的格言也是让自己活下来的动力吧！

"刚刚阿正讲的时候，我就忍不住想，别人觉得我很快乐，其实那些快乐很表面，那是可以制造出来的。我可以去大叫，因为花半小时叫完，可以更有效率地读书、工作。我这几年刻意训练自己让生活失控，或者说让自己的生命去游荡。比方说，旅行不事先做安排，故意让自己陷入不可预知的状况。嗯，不过还是没办法真正的失控，因为回程机票还是一开始就先订好的。"说罢，浩威抬起头来苦笑。

爸爸很爱我，让我觉得有压力，其实我挺害怕的，怕爸爸太爱我。

今天谈快乐，让人纳闷的是吉吉并没有开口。浩威原本准备做结论，忽然转向吉吉。吉吉嗫嚅着说："我在想，大姐刚才说被家庭压抑得不快乐。也许是你爸爸知道你考上好学校也很快乐，只是不知道要怎样来表达他的快乐。"吉吉似乎很能理解父母的想法和顾虑。

大姐皱皱眉头，不以为然地说："这点我没办法帮他忙，我想他要自己学习才行。"

"可是你不觉得他很可怜吗？因为他连怎么帮自己都不知道。"吉吉近乎哀求的语气，很焦急，竟然是帮大姐的爸爸向大姐求情。

"我刚刚看到淑丽做了一个很不以为然的动作。"浩威说。

有吗？我的心思全写在脸上了？我说："我觉得挺有趣的，为什么吉吉每次问的话都一样呢？上次晴子说爸爸揍她时，吉吉竟然会问：'你是不是很气又很爱你爸爸？'我觉得这个问题很可笑，因为晴子的谈话里，只是在气爸爸，怎么也听不出爱的感觉啊！但是吉吉竟然会这样问。

"刚才大姐这样讲时，我也不觉得她爸爸有什么高兴的，听不出来。但吉吉会马上想到别的，帮大姐的爸爸求情，我觉得挺不可思议的，似乎在她的世界里，爱爸爸是一件太重要的事情，所以不管别人说什么，吉吉都想到要维护爸爸，即使是别人的爸爸也一样。"我刚开始吞吞吐吐地斟酌字句，讲到后来竟有点不留情。

"因为我觉得爸爸很爱我，爱到变成压力，我挺害怕的，怕爸爸太爱我。"吉吉说起爸爸爱她，她因为感到压力而生气，结果充满罪恶感的故事。

这次的聚会接近尾声时，大家一边喝茶、吃点心，一边看浩威和阿正一来一往地讨论着"快乐到底是不是罪恶"的问题。我觉得这次的工作坊很有趣。好不容易有一次讲快乐、讲激情、讲正面的情绪，像我这么容易激动的人，难得从负面的哀伤情绪中解放出来，正想畅所欲言时，没想到团体又落入无法快乐的主题里。

最后，浩威向大家道歉，原本想讲点正面的情绪，讲到后来还是不怎么正面。是啊，我沮丧地拿起一块饼干往嘴里送，快乐真的不是一件容易的事。不过今天浩威和阿正的对话，倒是让我深入思考了一些事情，自己似乎也不是能尽情快乐的人，所以我常梦见小时候，人生难得烦恼比较少的时候。

我不懂，为什么小国不丹的人民生活在又穷又苦的恶劣环境中，绝大多数人都认为自己快乐又满足，而生活环境相对优渥的我们，却很难觉得快乐呢?

王浩威的情绪笔记

　　快乐是少数属于正面的情绪之一。正面的情绪往往很少被描述，在种类的区分上也是最笼统的。快乐其实可以分成很多类型，以下简单举几个类型来谈，当然不囊括快乐的全部种类。

　　首先，我们看到的快乐是来自压力的解除。这种压力可能是经过长期的累积后，终于可以面对山谷高声尖叫，把平常想做而不能做的事情做出来；也可能是自己刻意制造出濒临压力的状态，比方说坐一趟惊险的云霄飞车或者高空弹跳，经历危险后，从最紧张的状况放松下来，整个人自然会觉得畅快得不得了。这种快乐不妨称为畅快。性爱的快乐之一来自高潮所带来的快感，也是一种类似畅快的感觉，全身绷到最紧的程度，然后整个放松下来。

　　还有一种快乐是因为欲望的满足。从小到大我们有过很多渴求，有些梦、有些或大或小的念头，不太清楚自己能不能得到。比方说，我们都曾想拥有财富，但是财富如果能带来快乐，有一个前提是财富不能累积得太慢。譬如说，靠储蓄慢慢致富，这快乐的感觉可能就不会那么清楚，因为欲望的成长永远比满足来得快，就像人如果存了十万，就会想再存一百万，然后再存一千万。所以，所谓的快乐是欲望被满足的速度要比欲望的成长来得快，就像出乎意料中彩票或是考上理想的学校一样，超出想象那么快地得到自己想要的东西。

另一种快乐属于心理学上所说的"宗教性的体验"。所谓宗教性，并非跟宗教仪式或神鬼有关，而是像心理学者马斯洛讲的"高峰经验"。高峰经验是指生命中未曾经历的全新感受，通常是可遇不可求的，包括马斯洛在内的很多心理学者都试图描述这种感觉，可是实际上描述出来的东西又很抽象，反而是小说式的描述更准确些。其实很多宗教的修行常提的"出神"境界，也是类似的感觉。可是"出神"的体验，未必要经过宗教的仪式，像唐果在团体里讲的"一群鸟飞到我身边，好像意外中了大奖那样，感动得一直起鸡皮疙瘩"就是出神的快乐。

不过在我们目前的文化里，快乐似乎变成了一种罪恶，而所谓的道德或善良通常都跟"受苦"有关。像古代的帝王舜，小时候就常被虐待，似乎这样才能证明他的善良；大禹治水要三过家门而不入，才能证明他是好人；二十四孝的故事寓意更是明显了。于是，所谓的好人通常是不快乐的。也因为如此，所以我们常把快乐联想成是罪恶的，不快乐才是善良。可是范仲淹所说的"后天下之乐而乐"的崇高标准，真的可能有实现的一天吗？那恐怕永远都没有机会快乐了。

我们的社会里处处充满鼓励不快乐的机制，把人们快乐的能力慢慢地剥夺了。我们常希望建构一个和乐安详的社会，可是如果快乐总被视为罪恶的话，我们怎么可能真正地快乐？如果人不敢真正地快乐，如何希望社会有长久的和乐安详？

情绪出路

　　或许我们要开始去检视自己的很多能力。在过去的定义中，人们会认为勤劳、有效率、忍耐、善良是美德，当作应该学习的能力。不过我认为，有很多人生下来就具备的能力，才更是我们要学习的。比方说，学着缓慢、学着放纵自己和学着快乐，在这个讲求效率和不鼓励快乐的现代社会中，刻意维持慢的速度和能够自在快乐的能力，已经不知不觉地丧失了。比方说，一直想去旅行，想把自己从都市的快节奏里解放出来，等到真有能力去旅行时，真的敢放心去吗？

　　我自己经常吆喝朋友一起去旅行，慢慢就得到一个教训，一定要将报名的人数打个折扣。在我们周边大多数的朋友，也包括我自己，到了要出门旅行的前一刻，开始想到有许多事要做，有太多必须完成的任务，于是又丢下行囊了。如果这情形也发生在你身上，也许就应该问自己，真的有放开心怀去快乐的能力吗？或者是自己脑海中的念头，永远随时随地想到旁人的眼神？我们并不是完全不理会别人的看法，只是，如果永远都在乎着别人，连偶尔暂时忽略别人的眼神都做不到的话，我想，我们将永远无法自在地快乐起来。

延伸阅读

《牧羊少年奇幻之旅》（2018），保罗·柯艾略著，北京十月文艺出版社。

《少有人走的路4：心灵地图》（2014），托马斯·摩尔著，中国商业出版社。

《心灵神医》（2014），东杜法王仁波切著，中国藏学出版社。

《原来你非不快乐》（2008），林夕著，广西师范大学出版社。

《世界上最快乐的人》（2013），咏给·明就仁波切著，海南出版社。

第十一课

信任：我就在这里

谈爱情，大家都可以说自己爱谁，
或许我们能掏出心去爱一个既邪
恶又丑陋的人，去成全他、包容他。
可是说到信任，决定要把自己交
给对方时，需要更强大的力量。

团体到今天是最后一次了。没得猜题，只剩下"信任"可谈。按照步骤：煮水、泡茶、铺地毯、摆茶几，这个我已操作十次的标准程序，下个礼拜起我将不再重复了。哦，不对，我们还有一次 Happy Ending（快乐结局），不过滋味可能不同了，那是为着即将分离才有的聚会，有仪式性的意义。

快晚上七点了，人来得稀稀落落的，比平日晚到的大姐，边拍落身上的雨水，边说突然的大雨让人寸步难行，晚点出门的人可能会堵在路上。小倩和阿妹已经说过今天不能来了。我不让自己有失落感，因为素素说过"凡事不抱希望就会有惊喜"，这句话乍听之下会觉得是老生常谈，但偶尔会巧妙地回荡在我心里。

浩威来了，初见这场面有些惊讶，大概是奇怪人员稀少，脸上倒瞧不出失望与否。他先帮自己倒杯水，笑嘻嘻地与大家聊天，照常宣布说今天要谈"信任"。

"喂，你上次没有来讲'快乐'，有没有什么要说的？"阿勖刚进门，尚未脱好鞋子坐定，浩威的问题就紧跟其后了。阿勖总被浩威指定为暖场的加热剂。

"快乐哦，我想想看……"阿勖慢条斯理地挤到浩威身边坐下，"我记得曾写过一篇文章《不要想着去追逐快乐，才是真正的快乐》……"又来了，团体名言的创造者阿勖，没有大喜大悲大失落，凡事无动于衷。慢慢地，到的人多了，素素和阿陌还没到。浩威笑着说要打赌阿陌什么时候会到。

"我觉得她应该快到了。"阿勖很笃定地说。"为什么，信任吗？"我故意问。"因为阿陌看来就是值得信任的人，"唐果嘻嘻哈哈地奚落阿勖，"我相信她会来。如果是你，我就没有这种信心。""是啊，搞不好还要去跟人家聊天、闲逛。"我配合唐果一搭一唱。

难得起波澜的阿勖赶紧坐正，不甘心地追究着："为什么你会这么认为？趁她还没来赶快讲。""是啊，快点讲。"浩威看到些微火苗，趁势煽风点火。

"我也说不上来，你也是每次都来啊！可是阿陌常常坐得很直、很硬，觉得她很稳定，可以被预期；你就是一直摇来摇去，嬉皮笑脸，比较自由的感觉。说信任嘛，好像你不可预期的部分比较多。"唐果看着阿勖的反应，不疾不徐，婉转措辞，像算命先生在分析命理似的，"硬要比较的话，她曾讲到生命中很重的部分，你可以明显感觉到她那个人很明确地在那里，可是你都没有讲到那个很重的部分。"

"又不是每个人生命中都有那么沉重的部分。"阿勋悻悻然地反驳，似乎对唐果的分析有些失望。看起来无所谓的阿勋，对于自己是否被信任的事还是很在意。火苗还没点燃，阿陌到了。她一进来，大家看着她笑，不知道自己的迟到差点引发一场赌局的她，以为是礼貌性的招呼，匆匆跟大家解释因为下雨而迟到。现场也无人做解释，只是神秘地会心一笑。

朋友劝我少坐出租车，但我相信人有基本的善意。会防范，但还是会坐。

"我上次去听一位教授的演讲，她说现在人们的不信任度很高，所以我要带这个团体时，也想了解小团体的信任可以到什么程度。从陌生到现在，"浩威看了大家一眼，"信任怎么会发生？我是在想这个问题。"

"对陌生人的信任，有时候不见得是件困难的事。"刚刚坐下的阿陌，稍微移转了浩威的话题说，"比方说我常坐出租车，朋友都劝我尽量避免，我还是独排众议，因为我相信人有起码的善意。有些朋友跟我说，如果她们凌晨一两点到车站，宁可在附近找个旅馆过夜，也不愿意坐出租车，我听了觉得很不可思议。"

大姐也紧接着搭腔："我也是习惯以出租车代步。当然，我有筛选的标准，比方说哪些车我会选择不坐。记得十几年前，当时孩子还很小，我回娘家都坐出租车往返，每次我要坐车回台北时，我爸就会送我上车，而且还把头探进去看司机的长相才让车子开走。

"有一次碰到一个司机，上车后他说很不喜欢我爸这样盯着他看。我也很无奈地请他体会做父亲的心情。我说，如果是个酒醉的壮汉拦他的车，他应该也不敢赚那种钱。朋友都觉得我太大胆，一直告诫我，不过我觉得那信任还是在，当然我也会有基本的防范，比方说要上车前先跟朋友知会一下，或者尽量坐地铁。"

阿勋点点头说："我曾经听几个朋友说做过被人追的梦，不少人是被出租车司机追，说被追的都是女孩子。我在想是不是因为坐出租车时，是在密闭的空间内，我们被迫把自主的权利交给别人，可是又无法完全信任他，所以才做这种被追逐的梦。"

坐出租车似乎成为不少女性不得已的选择，信任的话题由此开始。记得我曾在某个刑事案件见报隔天坐出租车，这个案件的犯罪嫌疑人指向出租车司机。一上车弥漫着的紧张与不信任让车内静悄悄的，后来司机打破沉默说："你看报纸了吧，会害怕吗？"当时我可以感受出租车司机被整个社会不信任的无奈与难堪。我虽然出声安慰他，但心底的疑惧依然存在、挥之不去。那就好比走在深夜的路上，我常会频频回头探望，总认为在黑暗的掩护下，人性的邪恶也会伺机而动。

他的故事打动了我，可是我的不信任感告诉我，他会不会在骗我？

坐出租车很有经验的大姐接着说："我曾坐过一辆出租车，一上车就觉得司机很有礼貌、很斯文，车子也开得慢慢的。他跟我说，他是从南部过来谋生的，他太太因为产后大出血，正在医院等待紧急输血，他出来开车就是为了筹钱。当时我在想，他说了这些，不就是在问我：'我很缺钱，你能不能帮帮我？'

"当时我挺挣扎的，到底要不要给他钱？因为他的故事的确打动了我，可是我的不信任感告诉我，他可能在骗我！我必须在很短的时间内做出决定，很犹豫。后来我想想，被骗就被骗，反正钱也不多，他编这故事也编得挺辛苦的，就给了他一两千元，叫他快去救他太太。"

"咦，我是在火车上……""我是在车站……"唐果和素素不约而同地出声："你先。"素素要唐果先说。"大一升大二的暑假结束后，我坐火车从高雄到台北注册。上车没多久有一个三四十岁的男人，左手断了，穿着香港衫，提着破破的袋子从我座位旁边走过。后来他又走回来坐在我旁边，开始跟我聊天。他说他刚出狱，今天刚搭船回来，他的手就是被狱警打断的，聊着聊着他又问我念什么学校，等等。他看我刚刚在写字，问我是不是作家，我听了很高兴，嘻嘻。"唐果嬉皮笑脸地，惯常的轻松和手舞足蹈地叙述。

"车子快到台南时，他跟我说，他想去洗澡、理发、换件衣服，可不可以跟我借点钱？虽然我妈的声音瞬间在我耳边响起，'千万不能借钱给别人'。可是已经跟他聊了这么久，而且那时候我还是很容易相信别人的，就掏出皮夹问他：'你要多少？'他没说话只是盯着我的皮夹看。我抽出一千块给他，他探头看到里面还有好几张，问我可不可以再多借一点，我又给他一张。

"他给了我台北一家西餐厅的地址，说他在那里当经理，叫我去找他玩，然后就在台南下车了。我永远记得他站在窗口跟我挥手说再见的神情，我也很高兴地跟他说再见。"唐果叙述时还露齿微笑挥挥手，模仿了当时那男人热情道别的表情，很有趣。但是我不怀好意在心里默默地接续了他会被骗的故事情节。

"过了一个礼拜，我按着那个住址找，是一家铺着红地毯的歌厅，里面飘着廉价的香水味，一问柜台，他们却说没这个人。我再三确定，那个柜台小姐很不耐烦地说：'你到底要干吗？'后来才确定真的是被骗了。"说到自己被骗，唐果还是傻傻地笑着。

素素说自己也有善心被陌生人利用的经历，大伙儿七嘴八舌地说自己上当的经历——等公交车时被说自己没钱坐车的可怜人乞讨十元，转身却看到那人又去跟别人要车钱了。面对这些乞求，明知道有被骗的风险，却很少有人能不被这些可怜的故事打动，忍着不施以援手。

清汤挂面的头发下，搭配着不施脂粉的脸，看似学生模样的晴子带着不服气的口吻说："哼，怎么都没有人来跟我要钱呢？不过以前我穿绿制服时，走在路上常会有人过来跟我问路，其实我对路根本不熟，可是又怕别人失望，我通常会随便指一指。有一次，人家问我中正纪念堂怎么走，我就往东边指，那人走了没几步，后面就有人追上来跟他说：'不对，应该往西边去才对。'害得我很不好意思。"唉，被人欺骗是苦恼，被人过度信任未尝不是压力呢！

记得离婚那天早上，他还一直逼问我，到底把房产证拿到哪儿去了？跟他说我没拿，可他就是不相信。

议论纷纷后，短暂沉默。"不知道为什么，这次谈'信任'，我怎么想就是会想到不信任的例子。"大姐注视着远方，眼神没有锁定特定对象，像在回忆。

"有人问我，为什么会离婚？我说是个性不合。其实那很笼统，如果再讲具体一点，导火线是钱。讲到钱，信任的问题就出来了。

"小时候常看到爸爸关店门后，开始跟我妈算账。他每天给我妈固定的钱作为家用，可是也常质疑我妈怎么花这笔钱？那笔钱哪里去了？吃饭时，如果他觉得菜买得不好，会怀疑我妈是不是偷藏私房钱，然后把整个饭桌掀掉，让全家人都没饭吃。

"当时我想，以后一定不过这种时时刻刻被查账的日子。偏偏我先生是个精于计算的人。他要求我一定要记账，如果不记账他就要查钱。我觉得很烦，好像又落入了儿时的窠臼，我不理他，我知道只要一记账，他就会一笔一笔跟我算，我何苦让自己那么累，反正到最后各自经济独立，各人赚钱各人花。有时候不做饭两人出去吃饭，他会说没带钱由我出，他常常都不带钱，后来换我也不带了，两个人都不想带钱，干脆就不一起吃饭了。"

夫妻之间猜忌到这个地步，几乎连陌生人的情分都不如了。听到大姐这么说，惊讶的表情在素素脸上最为明显，她跟身旁的晴子咬耳朵说起悄悄话来。

"那时候我们家的洗衣机刚好坏了，我也不管，就用手洗。当然是各洗各的，我才不帮他洗呢！后来他受不了，就去买洗衣机。洗衣机送来那天，他打电话到我办公室，拿着听筒贴住洗衣机，让我听机器转动的声音，然后问我听到什么。我说什么也没听到，他说洗衣机买回来了，重点是他也没钱了。又在讲钱的事，我听了很烦，就把电话挂了。

"唉，反正就是诸如此类的事一直累积。离婚那天早上，他还一直问我把房产证放哪儿去了，我跟他说没拿，他就是不相信。我要他再去补办就好了，工本费不过三十元，可他还是缠着我闹。"大姐讲完，像是累了，身体往后一瘫，长长地吐了口气。

当时我很痛苦，变得不敢相信爱情，甚至在路上看到情侣手牵手，还会在背后猜测这对情侣会持续多久。

"听大姐这么讲，我也想到以前的女朋友。"阿正开口说，"我跟女朋友分手也跟钱有关。以前刚在一起时，是我在赚钱养她，我想两个人在一起，不需要分彼此。可是两年后，情况相反，换她赚钱而我因上学没收入，她会生气为什么我都花她的钱，觉得很不值得，而且还要等我毕业更不划算。唉，钱是导致我们分手的部分因素啦！

"那时候闹得很僵，害得我不敢再相信爱情了！甚至在路上看到情侣手牵手，还会在背后猜测这对情侣会维持多久。大概就像大姐讲的，不是对特定的人不信任，就是整体对人的不信任，痛苦的分手经历让我变得很猜疑。"阿正苦笑着摇摇头。

"后来你们怎么分手的？"浩威问。

"后来下决心分手是有第三者介入。还在冷战的时候，有一天深夜我打电话给她，从晚上十点到凌晨一点都占线，我想任何人面对这种情况都会胡思乱想。等到一点多，我很不安，立刻骑车过去看看。我有她家的钥匙，可以自己开门进去，才旋转门把手我就听到电话放下的声音，虽然我没有确切的证据，可是那直觉是八九不离十吧！当时她当然没有承认，可是后来还是……"阿正满脸无可奈何的表情。

男人处理感情好像都很笨拙，明明想说："我爱你，不要离开我。"可是实际讲出来的话，却恰好相反。

和素素对爱情的恐惧不同，阿正对爱情的猜疑现在已看不出痕迹，或许是下一场美好的恋爱治愈了他，让他得以继续相信爱情。阿正若有所感地侧过脸去，表情严肃地注视大姐说："刚才我听大姐讲，想起过去的经历。我觉得男人处理感情好像都很笨拙，明明是想跟那女孩子讲：'我很爱你，不要离开我。'可是实际讲出来的话，做出来的事，恰好相反。像你前夫买了洗衣机，可能是想跟你说：'亲爱的，我知道你洗衣服很辛苦，所以我买了洗衣机回来。'他如果这样讲就没事了嘛。可是明明是希望对方别离开，想跟她说我爱你，表现出来的却刚好相反，男人真的很笨。"

阿正这番话，激发了男性的同理心，浩威反问："要开口很困难吧？"阿正以过来人的姿态开口指导说："我刚开始谈恋爱也是笨哪！第一次不要脸很困难，第二次就简单啦！熟能生巧嘛。""原来不要脸这么简单哪！"浩威故意取笑他。

大姐立刻回答说："或许真的像你讲的那样，可是我没有耐心，不耐烦去看他游戏背后的东西。在讲'嫉妒'时我就想过嫉妒、信任、背叛这三者的关系。我跟我前夫说过：'我觉得你都不信任我。'他只回了我一句：'你要做得让别人信任，别人就不会不信任你。'他这样一讲，我就不知道该怎么接下去。或许吧，真的像你讲的，他会舍不得我，可是他那个面具戴得太牢了，我感觉已经很累了，我没有力气再去帮他拆下面具了。

"我先生有一辆车,我要考驾照之前想跟他借来练习,他竟然拒绝,叫我自己去汽车教练场买钟点来练习,当时我很火大。后来我会开车后,他有时候会很大方地借给我开,可是每次都在旁边大呼小叫地指挥我,把我气死了,后来我就不开他的车了。可是有一天,他跟我讲希望我帮他分摊油钱,唉,什么情况下你知道吗?就是有一段时间我常常加班,他不放心地常来接我。我感觉他是疑心,想知道我在做什么,而不是真的体贴或爱我。他竟然要我分摊油钱,我就跟他说,如果你是因为来接我而要求我分摊油钱,那你以后不要来接我了。生活里就是这样充满很多不安。"大姐忍不住又补充个例子。

听大姐说完,吉吉感慨地说:"爱情中好像都会有些猜忌。我看过一个节目是请夫妻来做心理测验,主持人要夫妇两人各自写出对方的缺点。有个太太简单写完丈夫的缺点后,抬头发现先生还在写,很不平地想她每天做牛做马,先生对她竟有写不完的缺点,真是何苦呢?公布结果时一看,原来先生在题板上写满了'我爱你、我爱你'……"

我对人有"洁癖",只要让我发现他有说谎的迹象,我就会远离他。

素素看来很落寞,她沉着语调说:"我跟之前的男朋友在一起不到三个月就分手了,不知道为什么。有一天他突然跟我说,他很忙,希望暂时不要见面,我听了仿佛晴天霹雳,我不明白他为什么会这么说。我们也没有吵架，只是没那么亲密了，可是他这样处理我们的感情，能说是感情吗？只能说是关系比较好而已。这让我很意外，也很伤心。基于自尊，我也不追问原因，我猜想他也不会老实说。

"那天晚上回家后，我觉得自己好像被抛弃了，难过得整个晚上都在哭，可是隔天起来，我又安慰自己说：'有什么好哭的，又不是真的被抛弃，只是分开一段时间啊！'但我们真的从此没再见面了。我下定决心要忘掉他，只要不小心想起他，我就处罚自己丢十元铜板到盒子里，再把钱拿来请同事吃东西。后来我不再那么想他，就算想起也不会难过了。经过这件事以后，我没办法再轻易相信男人，因为我不相信他所说的分手理由，但是我也逃避不想去问。我想那分手的理由或许是很伤人的，我又何必去问呢？问了也是让自己伤心。"憧憬爱情，但不相信永远的素素，终于揭穿了她为何不信天长地久。

"何必呢！""我就会去问。"众人你一言我一语地热心献策。

"对啦！"为了自尊不追根问底的素素，终有按捺不住的时候，"参加几次工作坊之后，我发觉自己真的很习惯一遇到事情就逃避，跟他分手这件事我也一直在逃，所以我决定面对他问清楚。电话拨通，寒暄过后，我没有犹豫，直接问他当初想分手的原因，没想到他说他也不明白为什么会分手。他说当初只想分开一阵了，没想到我就永远说拜拜了。我听了以后虽然无奈，不过也觉得或许是缘分尽了吧。可是心中还是不免怀疑他是不是说谎。"谜底揭晓，但是素素并没有拨云见日的明朗，反而留下遗憾。她说，自己对人有"洁癖"，只要一让她发现说谎的迹象，她就会从此远离这个人。

对爱情毫无信心的素素说，谈"信任"让她不知所措。"我在讲'绝望'时就说过，对于'永恒'这东西我是完全绝望的，因为任何感情、关系都会变，我没办法百分之百相信别人。"可是一说起亲情，素素立刻绽放笑颜，很幸福地说："我唯一会信任，不曾让我失望的，就是父母对我的爱。有时在外头孤苦无依时，就会想到回家的温暖。我爸还跟我说，就算我一辈子不嫁，他也不会赶我。嗯，就算我走投无路，至少还有地方可以投靠，像是有个安全港似的，这应该就是信任吧！

"而我父母的关系也让我很有信心，上次我妈开刀，我爸就全程留在医院陪她。每天帮她洗澡、喂她吃东西，无微不至地照顾她，看到他们相互扶持的样子，我就觉得很幸福。"

素素相信亲情的幸福笃定，跟刚刚谈起爱情时一脸狐疑的模样截然不同。

浩威一语道出她的矛盾："你说幸福的定义是相互扶持，可是你刚才又说你已经很难相信男人、相信爱情，那岂不是没有幸福的机会了？"

素素沉吟一下说："我只是侥幸在碰运气，看看自己是否能遇到契合的人，但是真的没办法强求。"

平常都会提醒自己，不要相信永恒，最好不要习惯。可是一旦热恋发生，就真的无法控制了。

浩威回应素素说："你刚才讲的让我印象深刻，你说无法容忍谎言。事实上，像刚刚阿正讲的，分手时会做出很多连自己也无法理解的事情，有些会产生矛盾甚至还被认为是谎言。刚开始有误会时，会想用谎言来挽回，等到发生争执时，就会不自觉地把过错推给对方，心想'都是因为她这样，所以我才……'，问题就像滚雪球一样，越滚越大，等到亲密关系越来越深，要把自己交给对方时，反而充满不安全感，这种不安全感当然也包括想控制对方。"

"像刚才大姐讲的，刚开始很甜蜜时会接送，吵到最后也会接送，这到底是亲密关系里的想占有还是想控制？我不知道。有没有一种爱情可以完全没有谎言吗？"

"唉，人真的都是后知后觉。"浩威轻轻地慨叹。

他看着素素说："你说的那个男人的心态，我可以理解。事实上以前自己谈恋爱时，对方希望朝夕相处，自己也觉得应该这样，因为电影都这么演的。事后回想起来，自己很累，真的很累，觉得要扮演一个完美的恋人，自己又有其他的事情要做。矛盾的压力一直累积，三个月，嗯，我觉得你男朋友不错，竟然可以维持三个月。不过我现在大概就不会要求自己做一个完美的恋人了。"

"嗯，我觉得你这样讲好像说得通呢！"素素抬起头来，一副恍然大悟的表情，"因为我后来打电话给他，他居然跟我说，很抱歉，当时无法兼顾我。我听了很惊讶，我给他这么大的负担吗？我觉得自己从来没有要求过什么。

"因为那是我第一次谈恋爱，我是很被动的，只想从对方身上获得什么，可是不知道他压力这么大，因为他从来没有告诉我，后来他这样做，让我觉得他很不成熟，而且也伤到我，以前我从不承认他伤到了我，因为我觉得那是很丢脸的事。或许是我对感情受伤害的抵抗力比较弱，多经历几次或许抵抗力会变强，但是我不知道自己有没有勇气。"

浩威说："我觉得那不是抵抗力比较强才能体会，好像在进入恋爱的情境里，你会习惯性地想要去扮演一种角色，事后又会觉得那不像自己，不喜欢那个自己，不管是很浪漫的部分也好，或者是很暴君似的、占有欲很强的部分也好。所以我每次到学校演讲时，都会叫大家赶快去谈恋爱，通常要多失恋几次，才能够用你自己想爱的方式，去爱你想爱的人。因为有时候爱自己想爱的人，可是并不是用自己想要的方式，把自己弄得像罗密欧似的。

"我想到自己在热恋的时候，才会看到个性中最充满毁灭性的占有欲望，平常都觉得自己很清高，可是一进入爱情中，我不知道为什么那种欲望就会跑出来，平常都觉得，'不要相信永恒，最好不要习惯'。可是一旦发生了，就真的无法控制。我现在其实很怀念热恋的感觉，老了才会这么想念热恋的感觉，我自己也觉得奇怪。"

只相信自己，也只敢依靠自己的阿陌，思考良久想不出她还能相信谁，按捺到最后趁着沉默的空当，她说："我一直在想，我到底相信谁，碰到问题时会找谁？但答案都是我自己。有个朋友什么事都会告诉我，连情人间最私密的事她都会说。可是我只会选择性地告诉她一些事，为什么我不能全然相信她呢？甚至我也不太信任我对女儿的爱，或许那也是有条件的。如果她表现很好，我想我是爱她的；如果她表现不好或者是违背我，我想我可能就没这么爱她。

"嗯！我不认为父母的爱是天生的。我相信我的父母也是这样，表现好的子女他们就比较偏爱，让他们比较烦恼的，可能就不那么爱。所以我相信什么呢？"大部分的人可能会认为父母的付出应该是无条件的，阿陌却持保留态度。在婚姻关系里遭遇挫折的她，可能早已深思过人与人之间的情感，最后在人际关系中选择疏离甚至像座孤岛，或许是个不得已的选择。

信任似乎需要很强的力量，那种力量甚至比爱情更强大。

浩威看着吉吉点名说："你要讲吗？"

今天阿妹没来，不知道吉吉是否觉得寂寞？选择坐在角落的她，似乎尽可能不靠近大姐身边。她无奈地说："刚来参加这个团体时，我搞不清楚自己是在告解还是在自我了解。慢慢地，我才发现自己不太会自我反省，通常都是在跟别人对话的过程中，我才会再回头去想我自己的事。有时候别人讲的跟我自己想的发生冲突，我会很难过，想说到底要自己去看书呢，还是钻牛角尖？

钻了半天钻不出来，其实也是很痛苦。

"上次讲到结尾时，有人问我说，你怎么都在同样的问题上绕来绕去，没办法跳开来？刚开始，我有点生气，想说我干吗跟你们告解。后来我想，其实这是我在跟自己讲话，然后我不愿意去听自己讲什么，对啊，我为什么不听呢？其实这也是一种对自己的信任。"

浩威说："这真的又是一个问题。自己能够信任自己多少？每个人到底敢去面对自己多少呢？"浩威拉着身旁的阿勋说，"你呢，你会信任谁？你一定会说信任自己。"浩威又是挑衅的语气，激将法对老僧入定般的阿勋管用吗？

"对我来说，信任似乎需要很强的力量，那种力量甚至比爱情更强大。谈爱情，大家都可以说自己想爱谁，或许我们可以爱一个很邪恶、很丑陋的人，掏出自己的心去爱他，去成全他、包容他。可是说到信任，决定把自己交给对方时，我觉得要有更大的力量才行。"阿勋说完，四周静悄悄地，连吃东西、倒茶水的声音也止住，大家顿时陷入沉思，回味阿勋这段耐人寻味的话语。

在另一个人的怀抱里，我们也敢放心孤独，其实是很高的境界。

浩威摇头苦笑说："今天谈'信任'，但是谈出来的都是'不信任'。团体成立之初，也不会故意去找一堆不信任的人来，这次谈出来的结果发现敢放心信任的人真的不多。其实我觉得，要做到很深的信任，敢放心信任，好像很遥远，或许像阿勋讲的，可能是到境界很高的时候，才懂得如何放心。记得我在读精神分析时，最受温尼科特的影响，他曾说过一句话，我都背得出来'Dare to be lonely in someone elses' arms'就是说，通常我们会窝在另一个人的怀抱里，表示关系很亲密。温尼科特觉得，也许在另一个人的怀抱里，我们也敢放心孤独，他认为那是一种成熟的标志。

"刚刚也谈过，以前谈恋爱时，表面上都装得很潇洒，其实神经是很紧张的，常常担心哪句话讲错了，或者是哪个动作做错了，怎么敢在对方怀里发呆或是沉思？即使是在陌生的环境里，其中有一两个认识的人，好像就很难发呆了，那些都是在关起门来的孤独状态才会出现的动作，是高境界的感觉。会不会太难了解？"浩威眯着眼睛笑，体贴地询问着。或许现场困惑的眼神太多了。

是啊，上次好不容易要谈点正面情绪，结果越谈越沉重；谈了那么多次的负面情绪总算要谈正面的"信任"了，谈出来还是不敢放心信任。我们到底怎么了呢？面对这样意外的结果，大家也觉得无可奈何，信任或者被信任都不是件容易的事。

不过随着工作坊进行了几次下来，我已经能自在地分享平常不愿意轻易启齿的故事，其他成员或许也有这样的感觉吧，这也是在信任的气氛下才能自在从事的。已经晚了，大家还舍不得离去，这是我们最后一次聚谈了。今天沉默的空当很少，大家仿佛都想把握时间多说些什么，浩威一再催促，大家还是舍不得离开。

雨应该是停了吧，希望天气能慢慢转好，等会儿可以上楼去，探头看看月亮出来了没。

王浩威的情绪笔记

如果我们对过去的社会还有一点记忆的话，应该会想起在20年前或更早以前，台湾人自己有个刻板印象——很多人来到台湾，都会觉得这儿是个人情味很浓的地方。可是曾几何时，这浓厚的人情味，或者说，这个刻板印象已经不知不觉地被遗忘而消失了。

在过去的社会里，人们对待陌生人是可能全然信任，没有一丝猜忌与恐惧的。为什么以前能这样？仔细探究应该很有趣。或许是以前的人对外人的想象，是把他们视为自己的同类，认为世界上的人只有一种，所以可以彼此放心、彼此尊重。因为生活在社群中的每个人都被这个社群结构制约得规规矩矩，也就以为别人也是规规矩矩，也就没有猜忌或恐惧了。所以旧时的人情味是有社会结构作为后盾支持着的。而支持人情味存在的社会结构，在现在看来确实已经消失了。

动物行为学者的研究指出，每一种动物都有自己的领土，人的处境当然也不例外。社会结构越混乱的时候，社会的文明成分减少了，人的动物性开始提高，人类像动物一般想稳固自己领土的欲求就越高。在自己领土范围内的任何侵入，立刻会引起我们被害妄想的猜疑，甚至不惜以攻击甚至消灭对方来结束这样的恐惧。

过去有人情味的社会已经慢慢消失，可是新的社群关系还未建立，尚在形成中。有研究中指出，在目前的社会里，人与人之间的不信任感还在继续升高。或许我们可以悲观地讲，这种不信任感以后可能还会更高，如果朝这个方向想，可能会出现更多不稳定的状态。不过如果乐观一点，想想现在的社会，彼此的不信任感可能已达到最高点，人们已经被自己的不信任感压迫得受不了了，也许就会出现寻求安定的念头，这时也就是我们可以共享一块领土的时候了。换个角度想，没有最极端的不信任感，恐怕也就没有新的信任感产生。

回到日常生活中，可以看到我们如何掌握自己的安全领土。首先是必须承认自己的确有安全领土的存在，只不过这领土或大或小罢了。有些人很在意工作上的安全领域。只要他觉得有人接近了这个范围，也许对方的接近只是想帮忙，他却永远会认为帮忙背后隐藏着侵犯，甚至是要来抢攻他的地盘。从这个角度来看，如果你发觉自己在这个社会里，生命的态度很认真却永远感到很孤独时，你就该想想为什么没办法信任别人？因为不信任别人，任何别人想来接触的行为都会变成带有企图心的侵略。如果无法放松心情跟别人相处，如何感受到别人的善意？

至于这块安全领土可以扩展到多大？这块领土可能出现在工作上、在自己对孩子的期待上、在自己的亲密伴侣身上，或者在思想学问的占有欲望上，甚至只是具体地在自己睡眠的床上。如果没有去检视这块领土，也就无法知道自己不信任什么，当然就无法建立自己内心对陌生人基本的信任感。

　　信任是彼此的领土可以开放，可以相互交换，甚至共享。至于可以共享到什么程度？精神分析师温尼科特说过，如果你敢在爱人的怀里孤独，而对方也任你自在地孤独，应该是两人之间的信任感最高的表现。从出生以来，在认识了世界的存在以后，一直对安全感有着强烈的需求，以至于不愿意被别人看到我们孤独的模样。我们的怀抱也不会愿意为一个我们不了解，而且以孤独将自己封闭起来的人所停留。如果我们愿意彻底地将自己的领土打开给另外一个人，那真是很不容易建立的信任感，是一种很高层次的修养。

情绪出路

　　在目前的社会中，想建立信任感实在有点奢侈，毕竟外界充满太多未知数和不可测的灾难。可是这些灾难，在我们的生活世界里，难道真是这么无远弗届吗？生活中总能找到某个范围是自己可能放松的，尽管胆战心惊，我们还是可以学着慢慢放松一点。

回过头来，如果能够检视自己的领土到底有多大，到底哪些要求是不必要的，其实就开始敢将自己的领土逐渐开放，到某个程度时，就可以欢迎另外一个人进来游荡了。当有人进来游荡时，也是你的心灵得以进入另一个人的领土时，其实是共同创造出新的亲密关系。至少我们可以不再活得那么孤独、辛苦了。我们只有了解自己对领土的要求，才能适当地从自己的不信任感中释放出来，开始敢凭着自己的摸索，一步一步地进行。有些自我功课是可以考虑试试看的，比方说身为现代人的我们，对自己的身体相当敏感，有任何贴近或触及都很排斥，或者必须摆出自己不熟的姿势时就很别扭。身体固然要保护，可是战战兢兢的保护是绝对必要的吗？或者说，我们可以重新去感觉自己的身体，各种感觉、各种姿态、各种可能性，把这种感觉重新恢复以后，从不必要的不安全感中释放出来，活生生地感觉到自己的身体不再拘泥，也不再僵硬的模样，这些都是训练自己身体的方法。

而最大的改善恐怕还是在亲密关系中。我们因为爱对方太强烈了，有一种恨不得把对方吞掉的念头，也就是想把对方变成自己领土的一部分才放心。同样地，这时候的我们也甘心变成对方的领土，欢喜被亲密关系吞噬的感觉。如果在这种情况下，两个人就算维持这么近的关系，也会觉得轻松自在，不必担忧可能会背叛对方，也不担心对方任何不可知的念头，信任的能力也就开始滋长了。

延伸阅读

《西藏生死书》（2011），索甲仁波切著，浙江大学出版社。

《四种爱》（2013），C.S.路易斯著，华东师范大学出版社。

《说谎：揭穿商业、政治与婚姻中的骗局》（2016），保罗·埃克曼著，生活·读书·新知三联书店。

第十二课

分离：美酒佳肴中画下休止符

十一次的情绪探索之后，

浩威安排了一个"Happy Ending"，

约在礼拜六下午，让大家再聚首。

众人约好从下午聊到晚上，

然后一起做顿晚餐共享。

Happy Ending 的目的是什么呢？难不成是把桌上的食物一扫而空，酒足饭饱之际摸摸饱胀的肚子，感叹一声："哦，天下无不散的筵席。"然后就此散了吗？

浩威笑着说："问问大家的意见吧。或许，我们可以来谈分离。"

即将分别之际，阿陌影印了《读者文摘》上谈亲密关系的文章送给大家。阿勋送给每个人一本自己刚出版的书，素素则抱了一大把花来，每一朵花都不同，说要送给大家。

"好像毕业典礼哦。"我说。最后一次相聚，虽依依不舍，但是阿妹、小倩、唐果和阿正都有事不能来。浩威苦笑着说，乍听到他们不能来的消息时，觉得有点失望呢，有点被背叛的感觉。因为最后一次了，总是期待大家都能来。

"是啊！也挺奇怪的。虽然是临时组成的团体，但是缺了几个人，还是会觉得怪怪的。"阿陌充满感情地说，"王医生说要谈分离，我觉得挺好的。下次要见王医生，可能要在电视上才能看得到了。"

"如果我们为了看你，而去挂你的门诊，你会不会吓一跳？"大姐开玩笑地问。浩威腼腆地笑着说："没关系，你一定挂不上号的。"

听王医生轻描淡写地说好久没谈恋爱了，心里有点骚动。

看着大家跟浩威离情依依，我也有许久未解的疑惑想问。"每次在整理录音带的录音时，我就很纳闷。像嫉妒或背叛，都是一般人避之唯恐不及的负面情绪。可是你却认为，有嫉妒或背叛的感觉表示真正地爱过、在乎过，你很怀念这样的感觉。这种体会跟别人很不同。你是不是太久没谈恋爱，所以很怀念热恋的感觉？"

"差不多吧！越忙机会就越少。"浩威笑了，想了想说，"不过，我也想问，为什么根据录音整理出来的稿子字数很多，你偏偏只选这个部分写进月刊里？"

这很稀奇吗？很多女生都是抱着琼瑶小说长大的啊，谈情说爱的部分总是特别引人入胜。"其实我也注意到了淑丽讲的那个部分，不过我倒不想问。"大姐接着说。

"可是我觉得不公平。"我不服气地说，"平常都是威哥在问我们，连阿勋怎么会爱上他老婆这种事他都问了，可是我有疑问却不敢问他，难道我是忌惮医生的专业和权威吗？我要证明自己，也有勇气挑战权威啊！"

浩威喝了一口水，一派轻松自在地说："所以我说啊，最后一次了，请大家有疑问尽量问我啊！"

"留到最后才制裁，真是太可惜了！"挤在浩威身旁的阿勋，摇摇头叹了口气。对啊，他平常被浩威追问得最彻底。

大姐笑笑地看着浩威说："我想，王医生会把很多情绪的主轴都放在亲密关系上，是因为情绪的变化会这么强烈，应该都跟亲密关系或亲密的对象有关，所以每次听他讲时，我也会反思自己在建立亲密关系时有没有障碍？尤其是听到王医生轻描淡写地说好久没谈恋爱了，对我是有影响的。感觉有点骚动，像有些念头在心里萌芽，想说是不是该谈个恋爱了？可是要重新启动谈恋爱的心思，好像很麻烦，而身边似乎也没那个机会，倒不如平平稳稳过日子好。"

"其实这个问题我也注意到了。"心情看起来很不错的素素说，"可是我觉得王医生会这样讲是有他的用意的。我发现每次每一个人在说自己的故事时，他都会从不同的角度来发问，然后挖掘我们没注意到的事情……"

看来王医生的护卫队阵容还真强大，炮火尚未猛烈，就有人挺身而出。"……现在是请各位批判我啦！"浩威苦笑着说。

我受福柯的影响很深，他是反精神医学的。他认为整个精神治疗的过程就是社会控制的过程。

"好啊！我继续批判你。"反正这次发动攻击后，工作坊就结束了，就算浩威翻脸了也不害怕。我一鼓作气地说："大家在工作坊讲的故事，都是以匿名的方式登在月刊上，只有你的故事是用真名出现。当初征询你的意见时，你二话不说就决定以真名示人。当时我觉得你很勇敢，可是随着参与的次数增多，每个人投入的感情或故事也越深越多时，我发觉你并没有随之增加信任感，故事在前几次就讲完了，后来也没有讲更深入的东西。是因为你已经是个知名人物，透露太多自己的事情让你没有安全感吗？"

"嗯，你观察到的这点我原来倒是没想过。"浩威沉吟着，在思索，"为什么决定用真名？我想或许跟以前念社会学理论时，受法国学者米歇尔·福柯的影响很深。他是反精神医学的。他认为精神医学是相当父权的，整个治疗的过程就是社会控制的过程。在这方面我有很多思考，包括如何面对自己的权力这样的问题。像在带团体时，我是领导者，我已经拥有了某些权力，所以唯一能做的就是让自己卸权，自废武功般地解除自己拥有的权力，让自己也变成分享者。可是自己又抛不掉带团体的焦虑，如果团体没有进展，我势必要带头出来分享。而到最后我的分享没有那么深，是不是因为大家的信任感越来越多了，无须再以我的讲述增加团体的信任感？你刚才一说，有很多可能的答案在我的脑海里，我还在想。"

"我自己也在带一些团体，常会感觉到与团体成员间的距离。所以我参加这个团体时，一直能察觉王医生这个卸权的动作，我觉得一个团体的领导者对自己有这样的提醒，我很佩服。"大姐两拳交握在胸前，向浩威作揖后说，"我在这里讲得比较多的是负面情绪，但是今天我想讲点正面的。我想，我们都没有权利要求别人分享比较深沉的生命经历，但是在这里让我有机会分享了各位的生命故事，我觉得很幸福。我很佩服各位，像阿陌在'愤怒'里愿意讲出生命中很沉重的故事，实在很不容易，她的分享是对我们有很大的信任感。其实我觉得人与人之间最大的信任或者说是承诺，就是'I will be there'（我就在这里）。不管发生什么事，我都会支持你，在你身边。我自己不敢给别人这样的承诺，也很难遇到愿意给这样承诺的人。阿陌的愿意信任，我觉得很好。我也很羡慕素素的活力，希望自己也能像她一样。至于阿勋，真像个大师，像老子一样，不知道何时才能修到他那种对凡事无动于衷的境界。还有小倩，她长得很漂亮，我很喜欢看她，她说故事时用字遣词的精确，让我很羡慕。"

阿陌也笑笑回应："我今天给大家印的文章中说到，别人的聆听，偶尔的鼓励，都是支持我们得以继续往下走的力量。有时是别人当我们的拐杖，有时候换我们当别人的拐杖，即使我们都未必有过什么丰功伟绩，但是这样就够了。"

"这个团体跟你当初的预期相比呢？"浩威问。沉思了一下，阿陌很认真地回答："刚来参加时，我的确渴望被治疗。一两次之后，我发现王医生也把自己当分享者，而不是当个导师让我们得救。其实我也知道就算我们发出求救信号，你也不会给答案，所以原本的预期就降低很多。不过我每一次都很期待下一次的聚会，喜欢这个团体，喜欢听听别人怎么说，看看从别人不一样的生命形态里能学到什么，可以跟自己对话。所以我会迟到，但从来不曾缺席。"

过去我以为婚姻是两个人结合成一个同心圆，现在我想可能是两个多边形交集，不敢奢望完全重合了。

"嗯，对呀！"素素点头应和，"想到这是最后一次，我真的很舍不得。所以我花了很大的心思为每个人各选了一朵花，表示我的心意吧！因为再见都不知是何年何月了，我很珍惜这最后一次的聚会。

"昨天晚上我回顾参加工作坊的心情，写了一些笔记。我想，我可能让你们觉得，我在这里听到一些故事后，会对婚姻、爱情不抱任何希望。我认真思考过后，得出了这样的结论，我想我原本对婚姻或爱情实在是太'白雪公主思想'了，总觉得我的婚姻应该很美满、很幸福。后来听了阿陌讲她的故事，我很害怕。曾有算命先生说过，结婚以后我的人生开始坎坷，因为我的先生容易染上坏习惯，也很有机会走桃花运。所以我很担心以后会不会像阿陌一样。"

素素小心地看着阿陌，阿陌以温和的笑容回应她。素素放心地继续说:"不过我现在不这样想了。过去我以为婚姻是两个人结合成一个同心圆,现在我想可能是两个多边形的交集,不敢奢望完全重合。上次我讲起初恋男友的故事,我回去后想了想大家给我的反馈,也慢慢释怀了,我也反省自己当初没有好好去面对。在这里,我特别要说的是,很羡慕大姐和阿陌的智慧,能够那么坦然地去面对和处理自己的难题,我希望自己也能有那么成熟的智慧。"

阿陌摇头笑说:"我们是太笨了,才会陷入这种状况。"

"那我也要讲,可能会讲很多哦!"可爱的晴子说道,"我以前曾经参加过别的工作坊,所以参加这个团体的前一两次,我都有使命感,觉得要先分享一些东西做示范,好让其他人知道'分享'是什么。可是后来我有一些犹豫。因为我前一两次讲的事太难过了,我担心其他人会有负担、会害怕,所以我开始迟疑。后来其他人越讲越多,我的使命感也慢慢减轻了。"

哦,看来像么女般天真的晴子,在工作坊进行之初,曾毅然担负起"抛砖引玉"的使命,我竟浑然未觉。

电影散场时,我都留到最后才离开。想到刚刚大家都在,可是灯一亮,人潮散去,只剩人去楼空的凄凉。

"阿勋呢?"最后一次了,老僧入定般的阿勋还是免不了被浩威点名。

半闭着眼,像在沉思的阿勋说:"听了大家的谈话之后,我给大家的印象好像是凡事不动心，不被俗务打扰的样子。我想，是因为我的生活很单纯，每天待在家里写作、翻译，不必经常跟人接触。接触少，直接而强烈的情绪冲突也少。其实在团体聚会那么短的时间里，我想不太可能彼此了解到多深，所以我往往也抱着随缘的心情，不会刻意去说些什么。偶尔有感动的时候，可是轮到我讲时，就忘记了，或者情绪已经不连贯，感觉不对了。别人对我的感觉是主观的认定，或许也是通过误解来看我这个人吧。"

"刚刚大家提到你，你可以反击，结果你反而在自白。"浩威说。

"自白啊？其实误解也无所谓啊！"阿勋搔搔头继续说，"我比较在意的是分离。年轻时看电影，散场时，我都是最后才离开的。想到刚刚大家都在，可是灯一亮，人潮散去，我会怀着感伤坐在那里，回头看看那人去楼空的凄凉，直到剩下我一个人时才离开。

"在家里，我的情绪比较和缓，可是也忧心迟早有一天大家会分开，我害怕自己承受不了。我是由祖母带大的，以前我常担心万一祖母离世了，我可能承受不了这样的打击，可能会有一两年的低潮，完全没办法工作。可是两年前祖母过世时，也觉得没想象中严重。当时她在加护病房里，进入弥留状态，吵着要回家。回家时有护士随行，给她打强心针。到了晚上时，应该再加一剂强心针，其实也是勉强拖着，可是没人敢做决定。我当时就做了决定不再打强心针了。

"当下我就知道那是一种生死的分离。以前的我，根本无法忍受那样的事，可是当时却觉得分离是自然的事。而且我祖母给我一种感觉，可以分开了，无所谓了，于是我做了那个决定。而那件事过后，反而觉得很多事情看得开也放得下了。"阿勋还没喝酒，却难得情真意切地说了那么多。

浩威问："这样是好还是不好呢？对分离不在乎了，是不是有很多感觉消失了或是死掉了？"

阿勋摇摇头说："如果有情境可以投入，我并不会刻意排斥，会试试看。"

因为阅历少，插不上话，到后来，有点不想参加。

"吉吉呢？"浩威把头转向角落边的吉吉说，"我觉得自己一开始有些残忍，老是把自己的价值观放在你身上，说你太幸福了。你反驳过，我也要求自己，不要忍不住就把自己的判断和价值观加进来。后来你讲了很多跟家人间的关系，我发觉似乎有更多的弦外之音。你觉得跟当初参加时的预期落差很大吗？"

吉吉望着浩威，面露难色，有些迟疑地说："当初参加时，我没有特别大的预期。只记得有一次，王医生跟我说，你不要急着反驳，先听我说，以后再反驳好了。我回家以后就跟妈妈说，王医生好可怕，他好像把我看穿了一样，他看出来我不经考虑，直接就想反驳。

"后来，参加这个团体次数越多，别人给我的意见越多，我就会想为什么别人都觉得我很幸福？自己和别人的差别到底在哪里？后来我发觉自己不管到哪里，都只扮演一个角色——独生女，而且把大家当成我的家人一样。而我自己运气也很好，家人、同事、老板、朋友都对我很好，或许我自己也会挑那样的环境去待着，身边的人在我还没开口前就帮我设想好了。所以我刚来工作坊时，也像在家里一样，心情不好就不讲话，把大家都当家人看待，可是我渐渐察觉这关系是不同的。"

吉吉停顿一下，想想又说："不过有时候王医生问我话时，我不知道是听不懂，还是故意听不见。我老是会想，啊，他又问我问题了，是不是我有什么问题呢？"

"对呀，我印象中你至少说了三次'啊，你说什么'。"浩威笑着说。

"你自己会不会觉得越到后来越沉重？"大姐低声询问吉吉。

"对啊，团体进行到一半时，我就不太想来了。觉得别人讲的事情，自己都插不上话，自己的想法别人又无法理解。后来，就说服自己当作来这里听故事好了，反正我的人生阅历没有别人多。不过阿妹曾打过电话给我，说她能了解我的感受，我听了以后很感激，也笑着说她是不是被我的表现骗了。我想我是不是用这种方式，吸引别人来关心我、照顾我？"吉吉说。难怪在团体中，吉吉最喜欢和阿妹待在一起，谜底总算揭晓，原来阿妹曾私底下照顾过她的感受，让她感觉温暖。

我不喜欢太稳定的自己。谁说精神科医生就要健康，不能有病态。

"还有人想说什么吗？"浩威问。"王医生还没给大家意见呢。"阿陌说。思索了一下，浩威说："我分别给大家写封信好了。"

"你那么忙，会有空吗？何必给这种承诺呢？"我挑衅说，今天的我似乎能很放心地"吐槽"王医生。"老是在一些觉得你不可能出现的地方看到你和你的文章。我想，这个人何苦把自己燃烧得这么厉害？是很孤单，需要朋友、需要和别人建立联系，所以不好意思拒绝？还是不让自己忙，就会觉得空虚，所以只好努力忙，证明自己还活着？虽然你是精神科医生，但我老觉得你的心理或许也没健康到哪儿去，不稳定的感觉很强烈，怕哪天想不开你就跳楼去了。所以在这段时间里，我常担心万一你没来带团体，该怎么办？"我终于一吐几个月来的焦虑。

王医生并没有生气，反而认真回应："如果照你这样讲，我想我会比较喜欢我自己一点。我不喜欢太稳定的自己，精神科医生就要健康，不能有病态吗？我反倒不以为然。至于帮很多性质不同的刊物写稿，我是抱着使命感在写这些文章，觉得社会问题重要，或者青少年问题严重，就写文章讨论这样的问题，试图提供或松动某些想法。还有问题吗？"浩威含笑看看大家，"最后很高兴，很高兴有机会带这个团体，有机会认识大家。嗯，反正天下没有不开始的筵席……"

是啊，天下没有不开始的筵席。大家起身寻找锅碗瓢盆，纷纷纷卷起袖子来，准备洗碗、切菜，吃火锅了。天下没有不开始也没有不结束的筵席，我们的团体就在美酒佳肴与说笑声中结束了。

寻找真正的自我

阿 陌

写这篇感言是自告奋勇的，也有些赶鸭子上架。

沉寂了好几个月之后，辛苦整理文稿的淑丽要我看过她整理
的团体对谈初稿之后，"如有意见"就告诉她，尤其因为时间拖
久了，竟有团友已"下落不明"。

为了一个英文单词（而非意见），我们再次交谈。由于对编
辑工作略有经验，我们谈到销路与可读性等问题，我认为若能加
上王医生的建议会比较有意思，淑丽则提到王医生也很想知道我
们对团体的感觉，而鼓励我们写点心得感言。体会到淑丽的求好
心切，加上自己也真的有点感觉，便答应了。

谁知一个月过去，因为"常要自己忘掉生活中的不愉快，便
把重要的事情也顺便忘掉"，欠稿的事因为淑丽一通电话才又浮

现眼前。下班回家后，翻出文稿重新体会一切。我迅速瞥过淑丽对每一位团友的形容与介绍，在字里行间寻找自己。

首先出现的感觉是惊讶。我是她在第一篇"恐惧"里所描述的"较早到的两人之一"，可是直到第几十页才把镜头拉到我身上，而且前后只有三小段，约三百字。我用铅笔特意圈出，以免不小心就找不到了。之所以惊讶，是我自己以为很热心地参与，然而比起别人的踊跃发言，仍显得行动力不足，似乎有些冷眼旁观。但，更叫我惊讶的是我给淑丽的印象是：嘴角下垂、拘谨严肃……

一向以为自己热心、积极、主动、勇于面对陌生人与陌生的环境……想不到别人眼中的形象跟我自以为的形象，有如此大的差异。是因为没有化妆？身体语言僵硬？态度冷漠？这些究竟是我借来用的装扮，用以掩饰某些性格，还是，那根本就是真正的我？

接着，我继续在每一种情绪中寻找阿陌（或对阿陌的描述，但，那是我吗？），并把曾经留下的痕迹圈出来，想要拼凑出他人眼中的我。好似穿了新衣，急于想照镜子。

仍然不多，仍然像灰灰暗暗的一个影子。穿过寂寞、嫉妒、背叛，我都像个没有情绪的人……或者因为它们早已深入我的生活，到如此理所当然地存在，而被我认为不值得一提？

如果，你无时无刻不感到寂寞，而嫉妒与背叛早已被你合理化、消化成为身体的一部分，甚至都排泄出去了（你知道不排出去会被毒死），那么正如你每天早上必喝牛奶一样，有什么好提的？

我知道自己是到了"愤怒"这一篇才把情绪发泄出来。发泄得不多，秉持着不要麻烦别人的原则，小心翼翼地告诉团友"不必担心，我应付得很好"。印象中好像是在这一篇之后，淑丽送给我一个外号叫"孤岛阿陌"（其实，她选用阿陌作为我的代名，便已很清晰地表达了我给她的印象）。但是我认为自己正逐渐展开来，甚至会在"沮丧"那一篇开导别人。

翻阅文稿，我承认只对描述到我的字句有兴趣。看完它，我掩卷细思，不喜欢被拼凑出来的样子。可是，我为何摆出那种面貌？想引人同情吗？

其实，我认为自己的情商很高。我处事圆滑，在公司是中级主管；朋友虽然不多，可是彼此可以谈心，甚至曾陪一位因为失恋要闹自杀的朋友，从晚上十一点谈到隔天清晨六点半，因帮女儿准备早餐、送她上学才打住，女儿从此常笑我长舌。

但我想，这是我撑在表面的自我形象。由于我的害怕改变和不敢发怒，或许真正的我因为婚姻不如人，而缺乏发自内心的自信。而且，我必须在工作上有所成就，因为那是我唯一可以掌控的。

我的近况仍是把大部分的精力投注于工作。在筹措了50万元替K（我不愿称他为我的任何人，他顶多只是女儿生物学上的父亲）还完地下钱庄的债务之后，请他搬出住处（他仍常回来，一周约两次，有些过多）。

离婚协议书写好，也打印了出来，一直没"胃口"去要他签字（他答应会签，除了金钱方面，他一向挺守信用的），我想，一是害怕面对自己终于全面失败；二是虚荣，起码有一个人是离不开我的，一旦剪掉就什么都没有了（好一个操纵者）。

我很确定这婚姻我是不要的。好友督促我面对其间的矛盾：既要离又为何不找他签字？我的理由（或借口）是，我不觉得签不签有何区别，当我想做时我才会去做。我的步伐或许较常人慢，但我终将抵达我的目的地。

写到这里似乎有些不知所云，可能是我自己也一边在整理思绪。我知道我终究会撑过去，而且变得更坚强。诚如林清玄经过生命的龙卷风，他坦承菩提诸书有的是要勉励自己，硬要自己采信"天将降大任于斯人也"那一套，是有些阿 Q，可是若不如此，脆弱的身躯如何克服困难站起来？

我认为，经历苦难会使人的心更柔软，更懂得倾听。而这或许就是我这一世的功课。

带领"情绪工作坊"的感言

王浩威

　　《张老师月刊》的编辑同仁邀我来带团体，一起来探讨情绪的各个面向时，我开始困惑起来：为什么是我？我又凭什么呢？还有，我自己能带什么呢？

　　还记得仍是第一年住院医生的训练阶段，每周四下午就聚集在五楼病房，傻愣愣地看着陈珠璋教授和另一位资深住院医生对住院病人进行团体心理治疗。自己坐在外围深深陷落的大藤椅里，完全看不懂门道，整个人茫然而困惑，不知这一切对话和互动的意义。自然地，经常也就困倦极了，不知不觉就失神了。

　　雾里看花的乐趣，来自自己渐渐地看见了一些从不曾想看，甚至不知道它们存在的事物。这好似第三只眼，经过了日复一日的修复，终于可以在人群之间看到许多以前不曾看到的东西。训练是持续的。到了第四年，也是住院医生最后一年，我又选修了团体心理治疗，在陈珠璋教授的指导下带了两个长期团体，一个是夫妻成长团体，另一个是门诊精神官能症患者的团体。陆陆续续地，在花莲工作时，又带了单亲初中生成长团体、性伤害团体等。

自己带了一些团体，也是台湾团体心理治疗学会的成员之一，但适合带《张老师月刊》读者这样的团体吗？虽然困惑，却又不自觉地一口气答应了。

月刊的编辑同仁设计了"情绪十帖"的年度企划。这一年，"情商"这个名词正疯狂流行，连电视上当红的综艺节目主持人也都会用"EQ零蛋"之类的话来彼此调侃。所谓的情绪，忽然变得吊诡，虽然大家都说它很重要，却只是嘴巴上说一说而已。月刊同仁也就投票列出了我们常见的情绪，希望逐项来探讨。

当我答应一起来参与时，月刊的伙伴们已经票选出十项情绪。我自己内心虽然有一些不尽相同的选择，却也明白没有一种将所有情绪种类都涵盖的可能性，也不可能区分其中的优先性。我只是加了一项"快乐"，因为原先所涵盖的正面情绪只有"信任"一项；同时，也将这一切做一个先后顺序的排列。于是，"情绪十帖"也就变成附送一个"大补贴"。

整个情绪工作坊的准备时间非常紧迫。一方面，必须对运作过程做适当的演练；另一方面，又必须快快招募工作坊的伙伴。我们在月刊上发出工作坊的招募消息，并取了一个反讽的名称

"搞砸 EQ 工作坊"，为的是避免在当时的 EQ 狂热气氛下，徒然招来一些 EQ 信徒。

站在月刊当初设计专题的立场，希望借此探讨人们的情绪现象学，包括它的样态、相关语言和呈现方式。因此，参与人员的异质性也就十分重要，包括年龄、性别、阶层和家庭状态。

托《张老师月刊》的福，虽然报名时间很短，但因为月刊的广泛影响力，立刻传来数十份的报名清单。然而，大部分报名者的特质是：女性、未婚、大学毕业，近 30 岁。成员的面谈和选择是由我一个人决定的。一方面，异质性越高越是优先选择；另一方面，也暗中删除一些经常参加类似工作坊的报名者。

这本书封面上注明的作者虽然是淑丽和我，其实应该是所有成员的共同贡献。因为匿名，我们无法一一列出。

面谈的当天，几位报名的男性刚巧都没出现。为了不使这个团体呈现出"只谈女性情绪"的偏差，只好邀请三位男性，包括月刊的编辑和他们的友人。于是，也就出现了男性保障名额。

11 种情绪再加上最后一次的回顾，总共有 12 次的相聚。三个多月的工作坊，除了一两位男性成员，几乎每个人都是全程参加。每次的聚会，都是淑丽帮忙张罗场地、录音、进行事后的整理和平常的联络。

书籍原本计划在专题连载结束时立刻出版，让阅读月刊的读者也有兴趣实时购买。然而，在和出版社编辑再三斟酌以后，决定改变出版的方式和方向。

原先在月刊上，除了淑丽记录的团体过程，我自己也会写上一篇相关的文字，介于散文和理论之间的。因为这一部分决定另外结集成书，团体的记录也就可以更加全面。同时，将书的焦点集中在情绪本身，而非团体治疗最重视的互动动力和治疗因素，等等。也就是说，是集中在 12 个的个人情绪，而非一个团体的故事，记录的重点也做了相当大的调整，同时再加上学理上各种情绪的理论和处理。

团体的记录是以淑丽作为一位协同主持人、观察者和参与者的角度，来叙述她所看到、听到的一切。我仅做一些文字的修改，不到两百字。虽然，她的很多观察和我的不尽相同，但是，作为一个团体的主持人，原本就和成员一样有着不可避免的强烈情绪。我的感受，不见得比淑丽客观。

有趣的是，我在淑丽的记录中读到了她是如何看待我的，或者说在团体中别人是如何感受到我的，包括我的主观感受、我的残酷质问、我诡计得逞时的小小欣喜等，这一切竟然都是我所不自知的。

一个团体工作坊结束了。对我而言，自我的探索还没结束，团体心理治疗的学习也处于起步阶段。

我要特别感谢我的老师陈珠璋教授，虽然在情绪上我比一般的学生更疏远，但是，不止团体治疗上，也包括许多人生的启示，特别是对生命的执着，他教导我许多。

感谢帮我写序的吴就君教授和蔡荣裕医生。吴老师是我专业上的前辈，蔡医生是我大学迄今的好友。

感谢支持我这一切工作的台大医院精神科同仁。

感谢《张老师月刊》的同仁。

感谢淑丽的合作。

当然，也感谢和我们共同走过团体的 10 位伙伴。

真诚的分享

回过头来读完书稿，我会挂念阿陌是否安好？是否拥有了心灵伴侣，不再觉得自己像座孤岛？吉吉是否如浩威所预测，果真叛逆了，和爸爸的关系进入了新的阶段？素素是否已拥有让自己深信不疑的情感关系？

回顾工作坊的纪录，许多画面和念头在脑海中盘旋萦绕。但是时间过去了，工作坊早已结束，或许只有重读书稿的我，还徘徊在此情境中，而其他成员早已不知所踪。

我恐怕再也没有机会知道这些成员们的状况如何，不过仍然感到由衷的感谢。初入社会的我，对于人生好奇又懵懂，参加了生平第一个工作坊，原本不认识的陌生人，因为工作坊的缘分相遇，真诚分享了自己的生命故事，甚至袒露了难堪的伤口。

在当时的时空情境下，我们参与了彼此的人生片段，借由声音和文字的纪录，这段过往被保留下来了。如果人与人之间有所谓的提携之情，我想工作坊里的分享，应该也算其中一种吧。这样的分享，或许让我们在不经意时抚慰了彼此，或者在关键时刻贡献了一个还不错的想法，让对方拨云见日，这些都是难得的缘分。

我曾想过，再去探问成员们的近况。但是这仅止于念头，而没有行动。回顾旧版书中的文字，有我年轻时的莽撞与轻率，希望不至于对成员们造成困扰，而借由重新出版的机会，我做了些润色和修改。观照、觉察和理解自己和他人的情绪，都需要更多的敏感、体贴和智慧，而我一直在学习。谢谢这一切。

丰富的情绪 Party

吴就君

"国立"师范大学卫生教育系教授

呀！好一个有趣的情绪 Party（聚会），看完本书文稿心情变得有一点"灰姑娘"，盼望将来总有这么一次是不是轮到我有那样的时空情境，来捕捉自己的愤怒、孤独、沮丧、嫉妒、背叛等情绪，可以与一群陌生的朋友面对面地谈情绪，从别人的寂寞、恐惧、罪疚、疏离、绝望、快乐的故事中，享受唯有人间独有的情绪 Party。

"……是追逐理想还是自我放逐？理想似乎变成掩盖恐惧的借口……"

"我会……不太敢定下来，觉得定下来好像要负责任，就是要有成就感的样子，要有车子呀、房子呀，如果真那样似乎会有什么死掉了，也会觉得做久了成绩到底有多大？"

"生命一成不变是恐惧，变得厉害也是恐惧，到底怎样是好的，我也很困惑……"

……

起先，我对这本书直觉上有两个成见。

第一，书里谈的情绪不会超过 40 岁人的情绪。

结果没想到里面有祖父母、父母、两性之间内在自我之间的各种滋味，很有个性地一一出现，几乎可以看到人生各个时段的许多心的面貌，以全人直接呈现，没有批评，没有分析，完整的人互相的分享，让你好像照镜子一样，看到自己和自己的重要他人的情绪面。

我近来常有机会和"大人们"上 EQ 的课程，我要诚恳地把这本书推荐给情绪"识字率"低于警戒线的一群"大人们"。

第二，如何看待情绪工作坊的助人疗效？

我本来想这本书可能是座谈会的资料整理罢了，那为什么要去看它的疗效因素呢？我怀疑自己又执着于自己这一行，或者不是。也许是投射我心中很久以来的愿望——我一直期望社会上呈现多样化的助人模式。主持人王浩威医生在"分离"中回答成员的问题时说道："……像在团体时，我是领导者，我已拥有了某些权力，所以唯一能做的就是让自己卸权，让自己也变成分享者，可是自己又抛不掉带团体的焦虑……"这段话使我不必怀疑自己是否得了职业病。"情绪工作坊"的主持人浩威，他确实是想要让人们在团体中发现一些有意义的事情，也就是对人的生活会有某一些冲击的事情，那么作为助人同业者他做得如何？再看看另外一个成员的话。

阿陌："……别人的聆听，偶尔的鼓励，都是支持我们得以继续往下走的力量，有时是别人当我们的拐杖，有时是我们当别人的拐杖……我每一次都期待这次聚会，喜欢这个团体……从别人不一样的生命形态里看到什么，可以跟自己对话。"

这个"情绪工作坊"果然正是我寻找的、有创意的一个助人工作坊模式，我诚恳地邀请你来共同分享。

情绪的舞动

蔡荣裕

台北市立疗养院精神科主治医生

这是一个不错的想法，以文学形成展现团体的流程所流露的情绪，不过，这本书的方向倒不像是展现团体心理治疗的流程，而是着重于人类的 11 种情绪里所埋藏的烟尘往事。人类的情绪当然不止这 11 种，但是本书所触及的这些情绪倒也是精神医学领域里常处理的议题。

书中所意图触及与揭露的恐惧、寂寞、嫉妒、背叛、愤怒、沮丧、疏离、罪疚、绝望、信任、快乐等 11 种情绪，我相信读者皆已有各种不同程度的感受，但我也同样假设，我们并不是皆已准备好要面对这些情绪，尤其当看见团体的主角们流露情绪时，那些情绪背后所悬挂及象征的种种创伤经历，依据我的临床治疗经验，我也假设对某些读者而言，可能更害怕自己的某些情绪，或者苛责自己无法言说某些情绪，或者变得更麻木而不易亲近这本书所欲分享的情绪世界。这些情况皆是可能且常见的，但也因为这些能够亲近或怯于亲近的复杂状况，对情绪的相关现象与内在世界的书写及阅读，形成了更多潜在的、丰富的可能性。

阅读这本书的手稿之前，我原本担心是否易流于只将情绪视为某种客体，而只意图陈述如何操控及管理各种情绪。还好，作者的意图不只是如此。我之所以如此担心那倾向，是因为对于情绪作为一个客体与课题，若只以单纯（或许也复杂吧）的管理与操纵为主要的处理方向，其实是相当易于流向仿佛某种主宰情绪的法西斯，意图以商业化中自由的字眼（如操纵、管理、自我管理等），而将人的复杂情绪切割成简化的经济生产流程，仿佛只要通过某些生产机器（如团体治疗）的制造过程，就是某种贴有新标签的新产品。

对于情绪的"管理"与"操纵"，我是感到悲观的，因为我假设那将会很容易触及主宰者（包括个案与治疗师）的法西斯倾向，而使得人类的"情绪"议题被窄化成几条如工作守则般的文字。但我对于人类情绪内容的探索则是乐观的，那涉及的是我们对情绪如何得以被言说、被书写、充满多少想象而定。因为关于言说情绪与书写情绪的过程里，涉及一些变量而使得"治疗"效果得以发生，的确仍值得从各种不同角度加以联想。

这也使得我假设团体中的主角们（虽然行文的字里行间，隐约使团体领导者成为某种形式的主角）仍有一段各自的长路得探索，只因为这是一场无止境的路程。主角们已在这个团体流程里实践了人生的另一场开场白，我也假设这本书中阿威（即王浩威）的表白也是他的另一个起点。关于治疗师在治疗流程中得流露多少自己的心中事，在不同一的理论里自有不同的出发点与期待。虽然我倾向于保守地减少流露自己的心中事，但我对于读者及团体中的主角们如何看待及想象作为团体领导者的阿威的心事流露，则抱持着好奇的心情，或许这也是另一本书的好题材。

作为阿威的好友，不少事也是十几年来首次听他谈得如此清楚，也让我好奇及想象团体流程本身所展现及蕴含的某些动力因素与力量。看了他的陈述，确也勾起了多年前如阿威在文中曾提及的，一群在医学院读书时的死党，以及当时的种种往事与情绪，那是我阅读后的联想与感受。不同读者由于不同的成长背景与不同的心事，自然可能会有不同的联想与感受，这是读者能够通过阅读走自己的路的背景。

书写此文时，阿威正打算离开孕育他多年的台大精神科，出来自行闯荡。目前他正请假旅行于俄罗斯与欧洲，直到回来后即正式离职，他正以自己的步伐走在自己的旅程上。而我此刻坐在英国伦敦的古老出租屋里因为时差而早早醒来，面对仍微暗的窗外的欧式住家后院与屋顶，誊写在飞机上书写的此文，有一段与"团体"有些关联，我抄写如下："而我此刻正坐在飞往伦敦的班机上，正在伊斯坦布尔的上空，离伦敦还有三小时二十二分，我将在伦敦修习两年精神分析，但此刻在飞机座舱里的这个'团体'也是一个令我产生复杂感受的所在。另一好友杨明敏原在法国巴黎修习精神分析，此刻正在台湾度暑假。这种来来往往的现象，又在诉说些什么呢？但是祝福仍是必要的事，祝福阿威能够在离开大机构而自行闯荡的过程里，做出一些有意思及有趣的事。"

若再回到本书的内容，如果书中的主角们愿意以文字书写在团体中的其他感受与联想，这会随时间的推移而有不同的后续反应与内容，再配合本书内容，或许又会另有一番景象。在中文世界的书写与论述里，这仍是颇匮乏的基本资料，也是一种值得的尝试。况且在尝试探索人的内心情绪，不会太快以"道理"淹没人类颇可贵的复杂情绪，毕竟要言"情"且说得有道理又不僵化，不是一件容易的事，我们可以看见作者的此种意图，虽然我认为仍有很多、很长的路值得探索。